U0363365

R语言开发技术标准教程

谢书良　编著

清華大学出版社
北　京

内 容 简 介

本书是资深高校教师多年开发与教学经验的结晶。本书深入浅出地讲解R语言的基础知识，帮助读者快速掌握R语言编程能力。

全书分为基础篇和应用篇，基础篇分13章，涉及R语言的下载与安装、基本运算、变量、向量、因子、矩阵、数组、数据框、列表、字符串、日期和时间处理、控制流和程序运行、绘图。每章之后都精选了10道题，分判断题和单项选择题两种题型，供读者自我检测学习效果。应用篇分10章，列举了有代表性的10个实例，采用导出实例→本实例涉及的知识点→程序编写→代码分析的新颖编排方式，将知识和应用紧密结合，既能够解决零基础读者的学习问题，也能够为其后续深造奠定基础。

本书内容安排合理，架构清晰，注重理论与实践相结合，适合作为零基础学习R语言开发的初学者的教程，也可作为本科院校及大专院校的教材，还可供职业技术学校和各类培训机构使用。

图书在版编目（CIP）数据

R语言开发技术标准教程 / 谢书良编著 . —北京：清华大学出版社，2020.10
（清华电脑学堂）
ISBN 978-7-302-56350-1

Ⅰ. ①R… Ⅱ. ①谢… Ⅲ. ①程序语言－程序设计－教材 Ⅳ. ① TP312

中国版本图书馆CIP数据核字（2020）第167329号

责任编辑：秦　健
封面设计：杨玉兰
版式设计：方加青
责任校对：胡伟民
责任印制：丛怀宇

出版发行：清华大学出版社
网　　址：http：//www.tup.com.cn，http：//www.wqbook.com
地　　址：北京清华大学学研大厦A座　　邮　　编：100084
社 总 机：010-62770175　　邮　　购：010-83470235
投稿与读者服务：010-62776969，c-service@tup.tsinghua.edu.cn
质 量 反 馈：010-62772015，zhiliang@tup.tsinghua.edu.cn
印 装 者：北京嘉实印刷有限公司
经　　销：全国新华书店
开　　本：185mm×260mm　　印　　张：13.25　　字　　数：323千字
版　　次：2020年12月第1版　　印　　次：2020年12月第1次印刷
定　　价：49.80元

产品编号：084284-01

前言

R 语言是现今大数据时代最热门且必须了解和掌握的编程语言之一。R 语言由统计专家开发，可以完成各种统计工作。在越来越多专家学者的努力下，它也可以很好地完成诸如数据处理、图形处理、心理学、生物学、遗传学、市场调查等非统计方面的工作。将其介绍给零基础的读者，既十分重要，也非常必要。笔者试图根据自己编写零起点学习编程语言图书的经验，尝试通过这本书向大家全面介绍 R 语言，以应读者之所需。

本书内容

本书较全面地介绍了 R 语言的基础知识，较详细地介绍了 R 语言的编译环境和使用方法。尤其是相对于其他编程语言的特殊点，本书做了重点分析。对用于创建和控制实体的向量、矩阵、数组、因子、数据框、列表、字符串和函数等对象，本书通过大量浅显易懂的实例予以说明。本书内容翔实，语言简练，科学性强。

全书分为基础篇和应用篇，基础篇分 13 章，分别涉及 R 语言的下载与安装、基本运算、变量、向量、因子、矩阵、数组、数据框、列表、字符串、日期和时间处理、控制流和程序运行、绘图。每章之后都精选了 10 道题，分判断题和单项选择题两种题型，供读者自我检测学习效果。应用篇分 10 章，列举了有代表性的 10 个实例，采用导出实例→本实例涉及的知识点→程序编写→代码分析的新颖编排方式，将知识和应用紧密结合，既能够解决零基础读者的学习问题，也能够为其后续深造奠定基础，期望对广大读者有较好的启迪作用。

读者对象

本书适合如下读者阅读：

- 期望尽快了解并初步掌握 R 语言的高等院校文理科相关专业的在校学生。
- 已毕业待选择、应聘相关工作的毕业生。
- 广大社会知识青年。
- 广大中青年科学工作者。

本书提供了真正从零开始并能快速掌握且便于使用 R 语言的知识。

勘误和支持

由于作者水平有限，书中难免会出现一些疏漏，而读者的批评、指正则是我们共同进步的强大动力。读者可以就书中的不足和建议通过清华大学出版社网站（www.tup.com.cn）与我们沟通。

书中实例的源代码可扫描如下二维码下载使用。

目 录

基 础 篇

第1章 概述

进入大数据时代，R 语言是必须要了解和掌握的。R 语言由统计专家开发，可以完成各种统计工作。在越来越多专家学者的努力下，它也可以很好地完成诸如数据处理、图形处理、心理学、生物学、遗传学、市场调查等非统计方面的工作。

R 语言是一种用于程序设计的高级语言，作为零起点学习，我们还是从一些基本的概念介绍开始。

本章涉及的内容包括：

- 程序，程序设计及程序设计语言的定义。
- R 语言下载及安装。
- RStudio 下载及安装。

1.1 程序，程序设计，程序设计语言

任何程序都是编写出来的，编写程序简称编程。

什么是程序呢？

我们可以从如何计算两个数的平均值这样一个最简单的问题开始讲。

如果这两个数是 3 和 5，几乎可以不假思索地说出它们的平均值是 4。

如果这两个数是 23763965432 和 8456234445446456，它们的平均值是多少？那只能由计算机去完成。

不管怎么算，人和计算机的计算步骤都是：

步骤 1：要计算的是哪两个数？

步骤 2：先求出两个数之和。

步骤 3：再将此和数除以 2。

步骤 4：最后报告计算结果。

其实计算机自身并不会计算，必须由人来教会它。那么人们应该做什么呢？就一般的问题来说，人们要做的事应该是：针对要完成的任务，编排出正确的方法和步骤，并且用计算机能够接受的形式，把方法和步骤告诉计算机，指挥计算机完成任务。

解决问题的方法和步骤，用计算机能够理解的语言表达出来的实体，就称为“程序”。程序是要计算机完成某项工作的代名词，是对计算机工作规则的描述。

计算机软件是指挥计算机硬件的，如果没有软件，计算机什么事也做不了，而软件都是由各种程序构成的，程序是软件的灵魂。

人们要利用计算机解决实际问题，首先要按照人们的意愿，借助计算机语言，将解决问题的方法、公式、步骤等编写成程序，然后将程序输入到计算机中，由计算机执行这个程序，完成特定的任务，这个设计和书写程序的整个过程就是程序设计。简言之，为完成一项工作的规则过程的设计就称为程序设计。从根本上说，人的智力克服客观问题的复杂性的过程就是程序设计要做的事。

程序设计要做的是根据给出的具体范例，编制一个能正确完成该范例的计算机程序。计算机程序是有序指令的集合，或者说是能被计算机执行的具有一定结构的语句的集合。

图 1-1 所示的是一个简化了的计算机工作过程示意图，计算机的实际工作过程当然比这复杂得多，但它还是完整地体现了其基本工作原理，尤其体现“软件指挥硬件”这一根本思想。在整个过程中，如果没有软件程序，计算机什么也干不了，可见软件程序多么重要。如果软件程序编得好，计算机就运行得快而且结果正确；如果程序编得不好，则可能需要运行很久才出结果，而且结果还不一定正确。程序是软件的灵魂，CPU、显示器等硬件必须由软件指挥，否则它们只是一堆没有灵性的工程塑料与金属的混合物。在这里就是要教会读者怎样用编程语言又快又好地编写程序（软件）。

图1-1 简化计算机工作过程示意图

编程语言有多种，计算机直接能够读懂的语言是机器语言，也叫作机器代码，简称机器码。这是一种纯粹的二进制语言，用二进制代码来代表不同的指令。

下面这段程序是用我们通常使用的 x86 计算机的机器语言编写的，功能是计算 1+1。

10111000
00000001
00000000
00000101
00000001
00000000

这段程序看起来像“天书”，在用按钮开关和纸带打孔的方式向计算机输入程序的时代，程序员编写的都是这样的程序。很明显，这种程序编起来很费力气，很难读懂。从那时候起，让计算机能够直接懂得人的语言就成了计算机科学家们梦寐以求的目标。

有人想出了这样的办法，编一个可以把人类的语言翻译成计算机语言的程序，这样计算机就能读懂人类语言了。这说起来容易，做起来却很难。就拿计算 1+1 来说，人们可以用“1+1 等于几”“算一下 1+1 的结果”“1+1 得多少”等多种说法，再加上用英语、法语、日语、韩语、俄语等来描述。如果想把这些都自动转换成上面的机器码，那是可望而不可及的事。所以人们就退后一步，打算设计一种中间语言，它还是一种程序设计语言，但比较容易翻译成机器代码，且容易被人学会和读懂，于是诞生了“汇编语言”。

用汇编语言计算 1+1 的程序如下所示：

```
MOV  AX ,  1
ADD  AX ,  1
```

这个程序的功能是什么呢？从程序中 ADD 和 1 的字样，或许我们能猜个大概。没错，它还是计算 1+1 的。这个程序经过编译器（也是一个程序，它能把 CPU 不能识别的语言翻译成 CPU 能直接识别的机器语言）编译，就会自动生成前面的程序。这已经是很大的进步了，但并不理想。这里面的 MOV 是什么含义？好像是 Move 的缩写。这里的 AX 又代表什么？这也是一个纯粹的计算机概念。从这个小程序，我们能看出汇编语言虽然已经开始贴近人类的语言，但还全然不像我们所期望的那样，里面还有很多计算机固有的东西必须要学习。它与机器语言的距离很近，每行程序都直接对应上例的 3 行代码。

程序设计语言要无限地接近自然语言，它就注定要不停发展。此时出现了一道分水岭，人们把机器语言和汇编语言称为低级语言，把以后发展起来的语言称为高级语言。低级语言并不比高级语言“低级”，而是说它与计算机（硬件）的距离较近因而级别比较低。高级语言高级到什么程度呢？先介绍一个很著名的 BASIC 语言，看它是怎样完成 1+1 计算的。

用 BASIC 语言计算并显示 1+1 的内容如下：

```
PRINT 1+1;
```

英文 PRINT 的中文意思是打印。比起前两个例子，它确实简单了不少，而且功能很强。前两个例子的计算结果只保存在 CPU 内，并没有输出给用户。这个例子直接把计算结果显示在屏幕上，它才是真正功能完备的程序，从这个例子相信你已经开始体会到了高级语言的魅力了吧。

今天，社会已进入信息技术高度发达，大数据应用十分广泛的时代。对于大数据的处理基本上可以分为两大类：一类是有序数据；另一类是无序数据。对于有序数据，目前许多程序语言已可以处理。但对于无序数据，例如，地理位置信息、视频数据等，却无法处理。R 语言正可以解决这方面的问题，从此 R 已成为有志从事信息科学和处理大数据专业的人们所必须掌握和精通的计算机高级语言，已经广泛应用于心理学、遗传学、生物学、市场调查等需要处理大数据的各个领域。

R 语言主要是以 S 语言为基础由统计专家开发的，是主要用于数据处理、统计分析、图形处理的语言和操作环境。之所以称之为 R 语言，是因为 R 最初是由来自新西兰奥克兰大学的 George Ross Ihaka 和 Robert Gentleman 开发的，现在则由“R 开发核心团队”负责开发和维护。

1.2 R 语言下载及安装

首先进入如下网站进行下载 R。

www.r-project.org

在图 1-2 中可以看到 CRAN 字符串。CRAN 的全名是 Comprehensive R Archive Network。CRAN 社区里有 R 的可执行文件，源代码以及许多说明文件，同时在这里也收录了许多开发者编写的软件套件。由于 R 语言在当前已是全球最热门的免费软件，如果只有一处下载，必然造成“塞车”而带来不便。因此，就有了 CRAN 镜像（mirror）网站的产生。目前全球已有 100 多个 CRAN 镜像（mirror）网站，可以选择离自己最近的 CRAN 镜像（mirror）网站下载 R 软件。

[Home]

Download

CRAN

R Project

About R
Logo
Contributors
What's New?
Reporting Bugs
Development Site
Conferences
Search

R Foundation

Foundation
Board
Members
Donors
Donate

Help With R

The R Project for Statistical Computing

Getting Started

R is a free software environment for statistical computing and graphics. It compiles and runs on a wide variety of UNIX platforms, Windows and MacOS. To **download R**, please choose your preferred CRAN mirror.

If you have questions about R like how to download and install the software, or what the license terms are, please read our answers to frequently asked questions before you send an email.

News

- **R version 3.4.0 (You Stupid Darkness) prerelease versions** will appear starting Tuesday 2017-03-21. Final release is scheduled for Friday 2017-04-21.
- **R version 3.3.3 (Another Canoe)** has been released on Monday 2017-03-06.
- **useR! 2017** (July 4 - 7 in Brussels) has opened registration and more at http://user2017.brussels/
- Tomas Kalibera has joined the R core team.
- The R Foundation welcomes five new ordinary members: Jennifer Bryan, Dianne Cook, Julie Josse, Tomas Kalibera, and Balasubramanian Narasimhan.
- **The R Journal Volume 8/1** is available.
- The **useR! 2017** conference will take place in Brussels, July 4 - 7, 2017.
- **R version 3.2.5 (Very, Very Secure Dishes)** has been released on 2016-04-14. This is a rebadging of the quick-fix release 3.2.4-revised.

图 1-2　下载 R 的网站

在图 1-2 左侧的“Download”栏目下单击“CRAN”就可以进入 CRAN 镜像（mirror）网站，如图 1-3 和图 1-4 所示。

CRAN Mirrors

The Comprehensive R Archive Network is available at the following URLs, please choose a location close to you. Some statistics on the status of the mirrors can be found here: main page, windows release, windows old release.

0-Cloud	
https://cloud.r-project.org/	Automatic redirection to servers worldwide, currently sponsored by Rstudio
http://cloud.r-project.org/	Automatic redirection to servers worldwide, currently sponsored by Rstudio
Algeria	
https://cran.usthb.dz/	University of Science and Technology Houari Boumediene
http://cran.usthb.dz/	University of Science and Technology Houari Boumediene
Argentina	
http://mirror.fcaglp.unlp.edu.ar/CRAN/	Universidad Nacional de La Plata
Australia	
https://cran.csiro.au/	CSIRO
http://cran.csiro.au/	CSIRO
https://cran.ms.unimelb.edu.au/	University of Melbourne
http://cran.ms.unimelb.edu.au/	University of Melbourne
https://cran.curtin.edu.au/	Curtin University of Technology
Austria	
https://cran.wu.ac.at/	Wirtschaftsuniversität Wien
http://cran.wu.ac.at/	Wirtschaftsuniversität Wien
Belgium	
http://www.freestatistics.org/cran/	K.U.Leuven Association
https://lib.ugent.be/CRAN/	Ghent University Library

图 1–3　CRAN 镜像网站

China	
https://mirrors.tuna.tsinghua.edu.cn/CRAN/	TUNA Team, Tsinghua University
http://mirrors.tuna.tsinghua.edu.cn/CRAN/	TUNA Team, Tsinghua University
https://mirrors.ustc.edu.cn/CRAN/	University of Science and Technology of China
http://mirrors.ustc.edu.cn/CRAN/	University of Science and Technology of China
https://mirror.lzu.edu.cn/CRAN/	Lanzhou University Open Source Society
http://mirror.lzu.edu.cn/CRAN/	Lanzhou University Open Source Society
http://mirrors.xmu.edu.cn/CRAN/	Xiamen University

图 1-4　我国的部分 CRAN 镜像网站

从图1-4中可以看到目前我国CRAN镜像网站有多个，它们分布在北京、合肥、香港、广州、兰州、上海。就近选择其中一个，将出现如图1-5所示的下载和安装选择窗口。

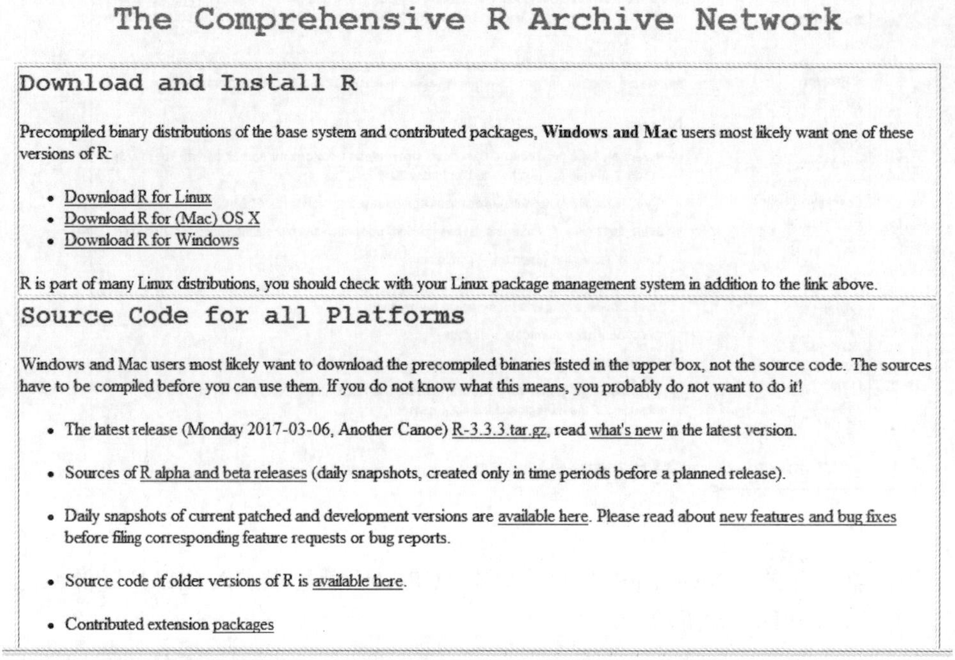

The Comprehensive R Archive Network

Download and Install R

Precompiled binary distributions of the base system and contributed packages, **Windows and Mac** users most likely want one of these versions of R:

- Download R for Linux
- Download R for (Mac) OS X
- Download R for Windows

R is part of many Linux distributions, you should check with your Linux package management system in addition to the link above.

Source Code for all Platforms

Windows and Mac users most likely want to download the precompiled binaries listed in the upper box, not the source code. The sources have to be compiled before you can use them. If you do not know what this means, you probably do not want to do it!

- The latest release (Monday 2017-03-06, Another Canoe) R-3.3.3.tar.gz, read what's new in the latest version.
- Sources of R alpha and beta releases (daily snapshots, created only in time periods before a planned release).
- Daily snapshots of current patched and development versions are available here. Please read about new features and bug fixes before filing corresponding feature requests or bug reports.
- Source code of older versions of R is available here.
- Contributed extension packages

图 1-5 下载和安装 R 的选择窗口

在R语言核心开发团队的努力下，目前R语言已经可以在常见的各种操作系统下运行。如Windows、Msc OS、UNIX和Linux。如果计算机操作系统是Windows，单击选择“Download R for Windows”项，在图1-6中选择“base”项。

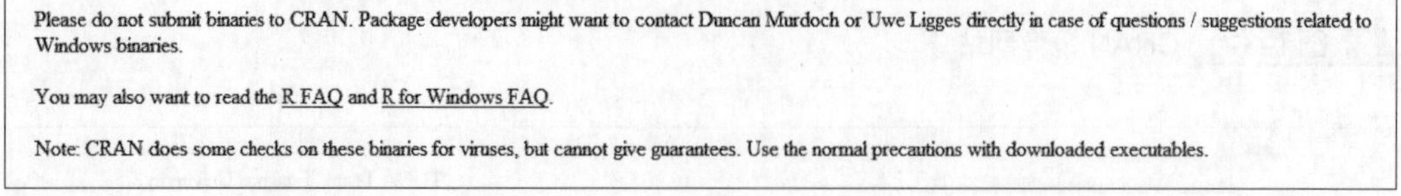

R for Windows

Subdirectories:

base	Binaries for base distribution (managed by Duncan Murdoch). This is what you want to **install R for the first time**.
contrib	Binaries of contributed CRAN packages (for R >= 2.11.x; managed by Uwe Ligges). There is also information on third party software available for CRAN Windows services and corresponding environment and make variables.
old contrib	Binaries of contributed CRAN packages for outdated versions of R (for R < 2.11.x; managed by Uwe Ligges).
Rtools	Tools to build R and R packages (managed by Duncan Murdoch). This is what you want to build your own packages on Windows, or to build R itself.

Please do not submit binaries to CRAN. Package developers might want to contact Duncan Murdoch or Uwe Ligges directly in case of questions / suggestions related to Windows binaries.

You may also want to read the R FAQ and R for Windows FAQ.

Note: CRAN does some checks on these binaries for viruses, but cannot give guarantees. Use the normal precautions with downloaded executables.

图 1–6 下载和安装 R for Windows 的选择窗口

在接着出现的图 1-7 窗口中选择下载的 R 版本，目前较成熟的 R for Windows 版本号是 R-3.3.3 for Windows，有 64 位和 32 位两种。根据计算机操作系统的版本进行选择安装就可以了，如图 1-8 所示。

R-3.3.3 for Windows (32/64 bit)

Download R 3.3.3 for Windows (71 megabytes, 32/64 bit)

Installation and other instructions

New features in this version

If you want to double-check that the package you have downloaded matches the package distributed by CRAN, you can compare the md5sum of the .exe to the fingerprint on the master server. You will need a version of md5sum for windows: both graphical and command line versions are available.

Frequently asked questions

- Does R run under my version of Windows?
- How do I update packages in my previous version of R?
- Should I run 32-bit or 64-bit R?

Please see the R FAQ for general information about R and the R Windows FAQ for Windows-specific information.

Other builds

- Daily alpha/beta/rc builds of the upcoming R 3.4.0.
- Patches to this release are incorporated in the r-patched snapshot build.
- A build of the development version (which will eventually become the next major release of R) is available in the r-devel snapshot build.
- Previous releases

图 1–7 选择下载的 R 版本

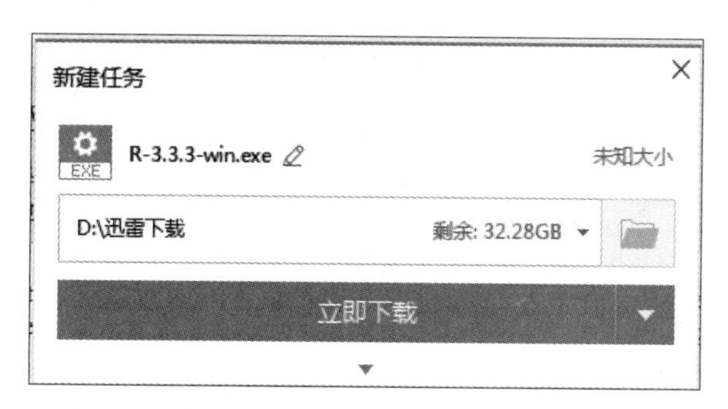

图 1-8 下载 R

下载成功之后，准备进行安装。安装过程如图 1-9 至图 1-15 所示。

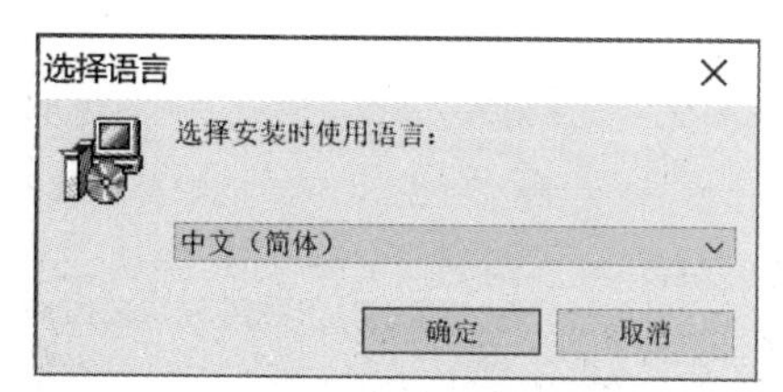

图 1-9 下载时语言选择

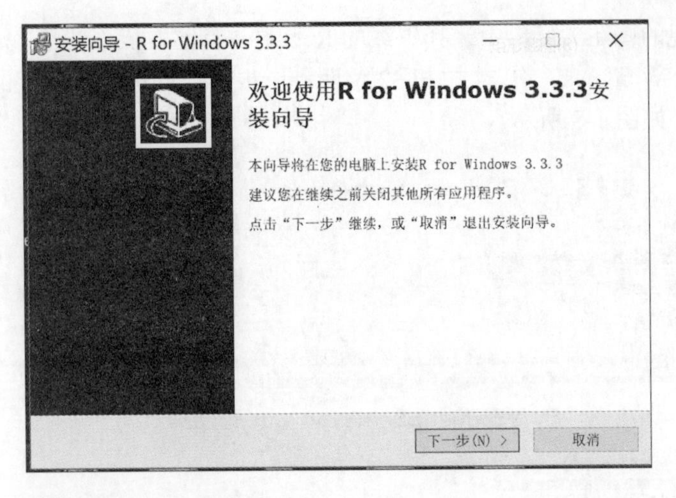

图 1-10 安装向导之一

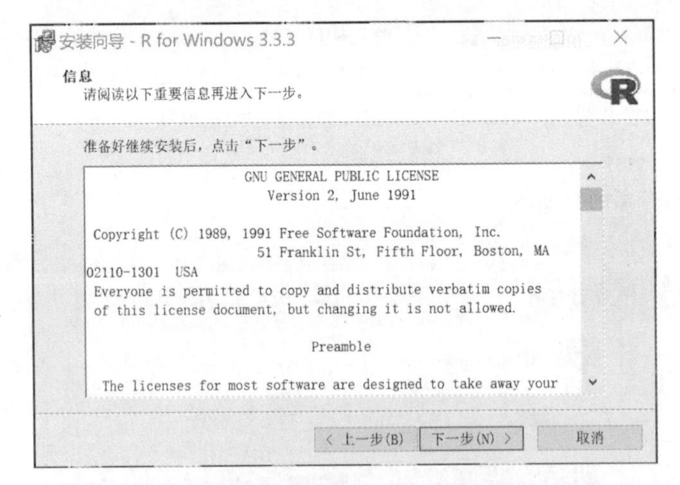

图 1-11 安装向导之二

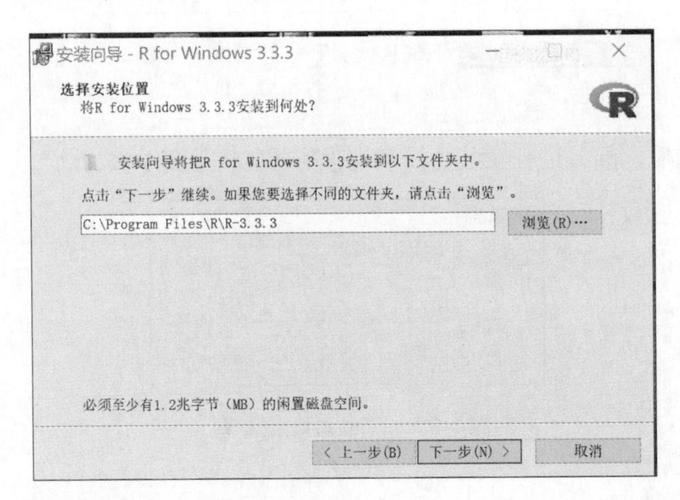

图 1-12 选择安装位置

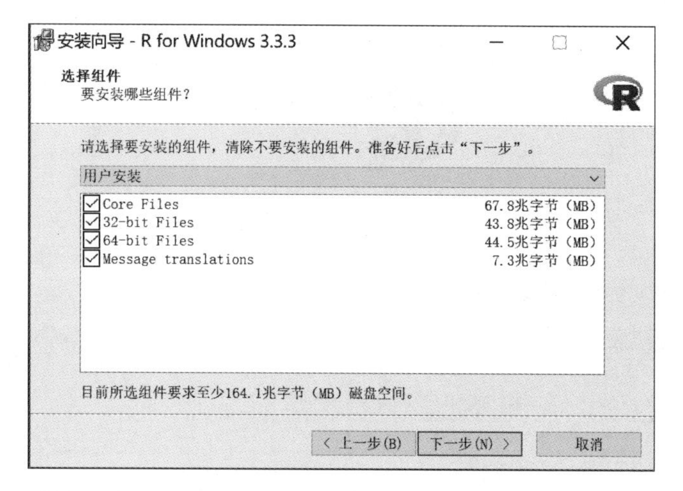

图 1-13 选择安装组件

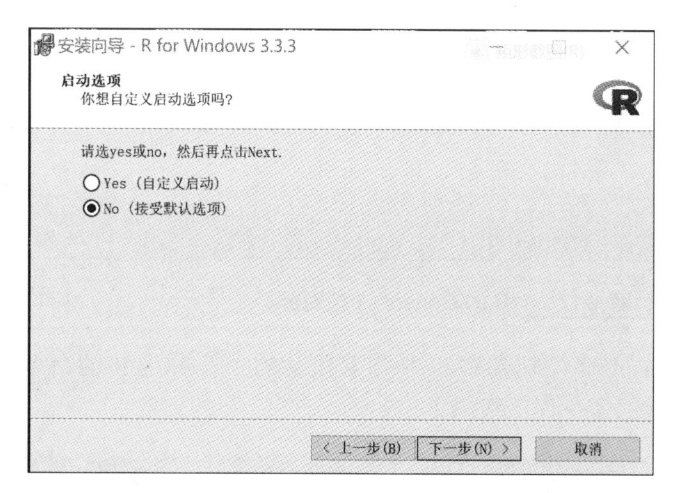

图 1-14 启动选项

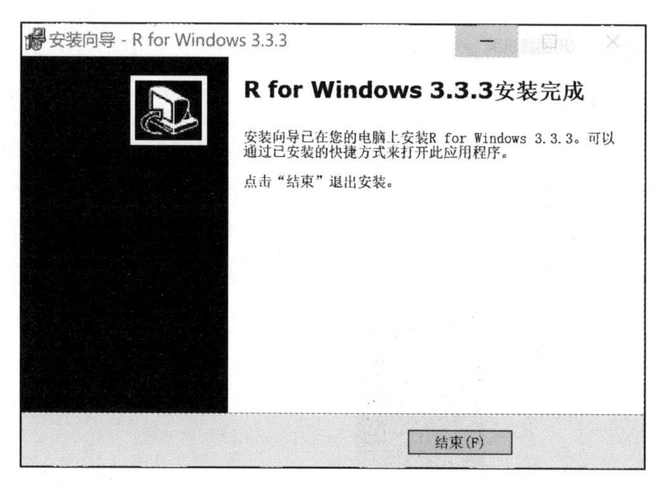

图 1-15 安装结束

安装成功后，会产生图 1-16 所示的标志。

图 1-16　R 标志

双击将其打开，屏幕显示如图 1-17 所示。

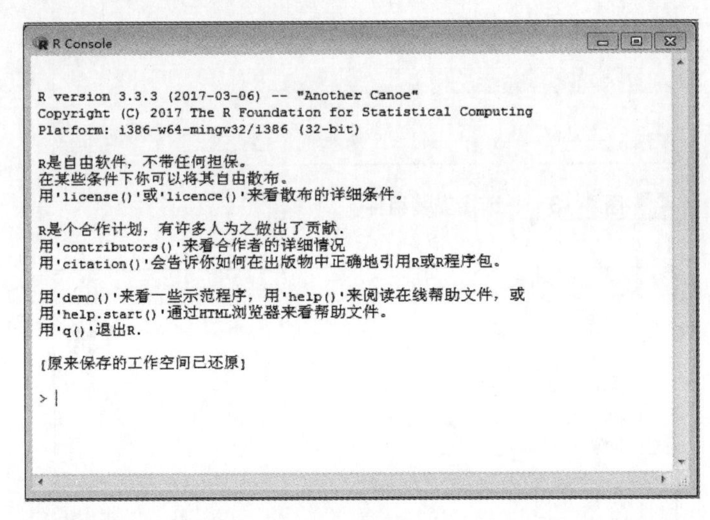

图 1-17　R 的 Console（控制台）

这是 R 的 Console（控制台），“>”和闪动的“|”称为 R 的命令提示符，在其后就可以输入 R 语言的命令程序代码了。

1.3　认识 RStudio

R 软件虽然提供了文本编辑器，但是，为了更方便使用，需要另外安装一个 IDE（集成开发环境）用于辅助编程。IDE 提供了一个图形开发环境，语法编辑功能更强大。

RStudio 是一个专门为 R 定制的免费 IDE，它将 R 中的特色功能体现得淋漓尽致。

网址 http：//www.rstudio.com/products/rstudio/download/ 提供了适用于不同计算机平台的 RStudio 版本给用户下载安装，如果计算机操作系统平台是 Windows，选择 RStudio for Windows 版本。用户只需在“Installers for Platforms”标题下方进行选择即可。

RStudio 的安装十分简单，安装成功后在计算机的“桌面”显示的图标如图 1-18 所示。

图 1-18　RStudio 标志

双击图标即可将其启动。启动后，该软件的工作窗口如图 1-19 所示。

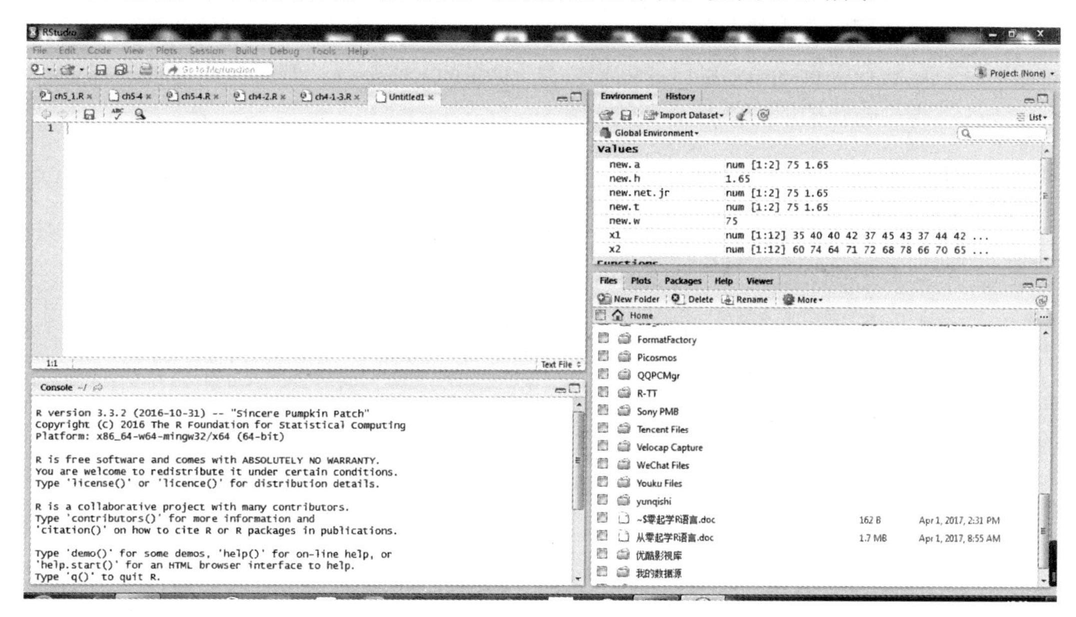

图 1-19 RStudio 软件的工作窗口

RStudio 软件被切分成 4 个小窗口，左上角的窗口是代码编辑区，用于书写和编辑程序代码，书写编辑完成后，并不会执行；左下角的窗口则是 RStudio 软件的控制台，它其实就是图 1-10 中 R 软件的控制台。在用户打开 RStudio 软件时，RStudio 会在后台自动启动 R 软件。所以说，安装 RStudio 软件之前，必须先安装好 R 软件，而且两软件最好要安装在硬盘的同一个分区内。

RStudio 的右上角是环境栏和历史栏，在执行代码时，环境栏会自动显示当前程序中使用的变量及其属性。当变量繁多时，这个栏格外有用。历史栏中存有已经执行过的历史代码。右下角的窗口同样提供了几个下拉菜单，其中包括 R 中的各类帮助、函数和程序包的介绍。

总之，RStudio 软件能够提供的信息远比 R 软件丰富，它还提供了更加美观的绘图窗口，用户在查看帮助时也显得尤为便捷。

RStudio 软件的具体用法，将在第 12 章结合实例给予详细介绍。

自我检测

一、判断题

（　　）1. R 语言目前只能在 Windows 和 Mac OS 系统下执行。

（　　）2. R 语言是免费软件。

（　　）3. RStudio 的 Console 窗口是编辑 R 语言的程序代码，储存和最后执行的唯一窗口。

(　　) 4. R 语言支持直译器（Interpreter），可以在 Console 窗口直接输入命令，同时获得执行结果。

(　　) 5. 在 Workspace 窗口，如果选择 Environment 标签，则可以在此看到 Console 窗口的所有执行命令的记录。

二、单选题

(　　) 1. R 语言无法在下面哪一个系统下执行？

A. Linux　　B. UNIX　　C. Android　　D. Mac OS

(　　) 2. R 语言是以哪一种语言为基础开发的？

A. BASIC　　B. S　　C. SPSS　　D. C

(　　) 3. 下面哪一个符号是 R 语言的注释符号？

A. %　　B. @　　C. #　　D. //

(　　) 4. 如果想使用 R 语言的直译功能，可以在下列哪一个窗口输入命令？

A. Console 窗口　　B. Source Edit 窗口

C. Workspace 窗口　　D. Files/Plots 窗口

(　　) 5. 可以在以下哪一个窗口看到所有变量名称及其内容？

A. Console 窗口　　B. Source Editr 窗口

C. Workspace 窗口　　D. Files/Plots 窗口

第2章

R的基本运算

R的基本运算有四则运算、数学函数运算和逻辑运算。

本章涉及的内容包括：

- R的四则运算规则。
- R内置的函数运算规则。
- R的逻辑运算规则。
- 无限大 Infinity 定义。

2.1 四则运算

四则运算是 R 语言的基本运算，有加（+）、减（-）、乘（*）、除（/）和乘方（^），其运算规则与通常的四则运算相同。先乘除后加减，乘方的运算级别最高。

1. 算术运算

【实例 2-1】完成下列计算。

```
> 2*3+4
[1] 10
> 2*(3+4)
[1] 14
>(2*3)+4
[1] 10
```

【实例 2-2】完成下列计算。

```
> 9/5
[1] 1.8
```

除此之外，还有整除（%/%）和求余（%%）运算符，分别完成除法的求商的整数部分和求余数的运算。R 语言没有其他语言那样的自动取整功能，对于这一点要特别留意。

例如：在 R 语言中 7/2=3.5，7%/%2=3，7%%2=1。

【实例 2-3】完成下列计算。

```
> 7%/%2
[1] 3
> 7%%2
[1] 1
```

2. 乘方运算

在 R 语言中，乘方的符号是“**”或者“^”。

【实例 2-4】完成下列计算。

```
> 5**3
[1] 125
> 5^4
[1] 625
```

3. 科学符号 e

科学符号用 e 表示，例如数字 12800，实际等于“1.28*10^4”，也可以用“1.28e4”表示。

【实例 2-5】完成下列计算。

```
> 1.28*10^4
[1] 12800
> 1.28e4
[1] 12800
```

数字 0.00365 等于“3.65*10^-3”，也可以用“3.65e-3”表示。

【实例 2-6】完成下列计算。

```
> 3.65*10^-3
[1] 0.00365
> 3.65e-3
[1] 0.00365
```

可以直接使用科学符号执行四则运算。

【实例 2-7】完成下列计算。

```
6e5/3e2
[1] 2000
```

以上运算实际上是 600000 除以 300。

2.2 内置函数运算

2.2.1 数学函数

在 R 语言中，可以用数学函数完成各种初等数学的运算，如绝对值、指数、开方、对数、三角函数和反三角函数等。R 语言中常用的数学函数如表 2-1 所示。

表 2-1 R 语言中的数学函数

函　数	意　义
abs(x)	x 的绝对值或模（|x|）
sqrt(x)	x 的开方
Round(x，digits=k)	四舍五入（以四舍五入方式，计算至第 k 位小数）
exp(x)	指数（e^x）
log(x)、log10(x)、log(x，n)	对数（分别以 e，10 和 n 为底）
sin(x)、cos(x)、tan(x)	三角函数（正弦、余弦和正切）
asin(x)、acos(x)、atan(x)	反三角函数（正弦、余弦和正切）
sinh(x)、cosh(x)、tanh(x)	双曲函数（正弦、余弦和正切）
asinh(x)、acosh(x)、atanh(x)	反双曲函数（正弦、余弦和正切）
factorial(x)	阶乘 x!

续表

函　数	意　义
choose(n，k)	二项系数
gamma(x)	Gamma 函数
floor(x)	下取整，小于 x 的最大整数
ceiling(x)	上取整，大于 x 的最小整数
trunc(x)	靠近 0 取整，例如：trunc（1.5）=1，trunc（-1.5）=-1

1. 圆周率和三角运算

【实例 2-8】完成下列计算。

```
> pi
[1] 3.141593
> sin(1.0)
[1] 0.841471
> sin(pi/2)
[1] 1
> cos(1)
[1] 0.5403023
> cos(pi/4)
[1] 0.7071068
```

2. 四舍五入运算

R 语言的四舍五入函数是 round()。

使用方法是：round(x,digits=k)，表示将实数 x，以四舍五入方式，计算至第 k 位小数。“digits=”也可以省略，直接输入代表小数位的数字就可以。

【实例 2-9】完成下列计算。

```
> round(98.562,digits=2)
[1] 98.56
> round(98.562,2)
[1] 98.56
```

R 语言的另一个四舍五入函数是 signif(x,digits=k)，但用法与 round(x,digits=k) 有所不同。x 仍是要处理的实数，k 代表的是个位以上数字的个数。例如，signif(987654.321,digits=6) 代表取 6 个个位以上数字，从左边算起第 7 个数字以四舍五入的方式处理。若 k 的值少于或者等于 x 的整数位数，则 k 代表保留实数非零的个数，k+1 位四舍五入。

【实例 2-10】完成下列计算。

```
> signif(87654.321,digits=6)
[1] 87654.3
```

```
> signif(12345.678,6)
[1] 12345.7
> signif(87654.321,digits=3)
[1] 87700
> signif(12345.678,3)
[1] 12300
> signif(12345.678,5)
[1] 12346
```

2.2.2 近似函数

R 语言有 3 个近似函数。

- floor(x)：可得到小于等于 x 的最近整数。所以，floor（234.56）等于 234；floor(−234.56) 等于 −235。
- ceiling(x)：可得到大于等于 x 的最近整数。所以，ceiling（234.56）等于 235；ceiling（−234.56）等于 −234。
- trunc(x)：可直接取整数。所以，trunc（234.56）等于 234；trunc（−234.56）等于 −234。

【实例 2-11】完成下列计算。

```
> floor(234.56)
[1] 234
> floor(-234.56)
[1] -235
> ceiling(234.56)
[1] 235
> ceiling(-234.56)
[1] -234
> trunc(234.56)
[1] 234
> trunc(-234.56)
[1] -234
```

2.2.3 阶乘函数

R 语言用 factorial(x) 函数返回 x 的阶乘。

factorial(3)=3*2*1,factorial(5)=5*4*3*2*1,factorial(7)=7*6*5*4*3*2*1。

【实例 2-12】完成下列计算。

```
> factorial(3)
[1] 6
> factorial(5)
```

```
[1] 120
> factorial(7)
[1] 5040
```

2.3 逻辑运算

在 R 语言中逻辑运算的关系有：

>	大于	<=	小于等于
>=	大于等于	==	等于
<	小于	!=	不等于

其返回值只有两种逻辑值：“TRUE”（真）和“FALSE”（假）。

【实例 2-13】完成下列判断。

```
> 5>3
[1] TRUE
> 9<7
[1] FALSE
> -5>-3
[1] FALSE
> -9<(-7)
[1] TRUE
```

上式不能写成 -9<-7，若如此运算，系统会报错：

```
> -9<-7
Error in -9 <-7 :  赋值目标扩充到非语言对象
```

在 R 语言中，因为“<-”是赋值运算符，赋值运算符是作用于变量的，而 -9 是一个数值常量，属于非语言对象，所以出错。

2.4 无限大 Infinity

R 语言可以处理无限大的值，使用 Inf 表示，如果是负无限大则是 -Inf。其实，只要将某一个数除以 0，就可获得无限大。

【实例 2-14】完成下列判断。

```
> 5/0
[1] Inf
> 10-(5/0)
[1] -Inf
```

R 语言用 is.infinite(x) 来判断 x 值是否是正无限大或者是负无限大，判断结果用逻辑值表示，其值只有 TRUE 和 FALSE 两个。在其他程序语言中，TRUE 和 FALSE 被称为布尔值。

【实例 2-15】完成下列判断。

```
> is.infinite(10/0)
[1] TRUE
> is.infinite(10-(10/0))
[1] TRUE
> is.infinite(10-5)
[1] FALSE
```

另一个有关的函数式 is.finite(x) 用来判断 x 值是否为正有限大或者是负有限大，判断结果用逻辑值 TRUE 和 FALSE 表示。

【实例 2-16】完成下列判断。

```
> is.finite(999)
[1] TRUE
> is.finite(-99999)
[1] TRUE
> is.finite(10/0)
[1] FALSE
> is.finite(10-(10/0))
[1] FALSE
```

自我检测

一、判断题

（　）1. 有以下两个命令：

```
>x1<-9%%5
>x2<-9%/%2
```

以上两命令执行后，x1 和 x2 的值同为 4。

（　）2. 有以下命令：

```
>x<-round(1560.998,digits=-2)
```

以上命令执行后，x 的值是 1600。

（　）3. 有以下命令：

```
>x<-factorial(3)
```

以上命令执行后，x 的值是 8。

(　　) 4. 有以下两个命令：

```
>x<-999/0
>is.infinits(x)
```

以上命令执行的结果是 FALSE。

(　　) 5. 有以下两个命令：

```
>x<-NA+999
>is.na(x)
```

以上命令执行的结果是 TRUE。

二、单选题

(　　) 1. 以下命令会得出哪种数值结果？

```
>36**0.5
```

A. [1]18　　B. [1] 6　　C. [1]9　　D. [1]3

(　　) 2. 以下命令会得出哪种数值结果？

```
>signif(4678.778,6)
```

A. [1]5678.78　　B. [1] 5678.79　　C. [1]5678.77　　D. [1]5678.778

(　　) 3. 以下命令会得出哪种数值结果？

```
>floor(789.789)
```

A. [1]778.9　　B. [1] 789.789　　C. [1]789　　D. [1]790

(　　) 4. 以下命令会得出哪种数值结果？

```
>round(pi,2)
```

A. [1]3.1415926　　B. [1] pi　　C. [1]3.14　　D. [1]3

(　　) 5. 以下命令会得出哪种数值结果？

```
>x<-Inf/1000
```

A. [1]0　　B. [1] Inf　　C. [1]NA　　D. NaN

第3章
R的变量

数值类型数据可分为常量和变量两大类，在程序运行过程中，其值和类型不能被改变的量称为常量，其值和类型能被改变的量称为变量。变量的标识符（即变量名）、变量的值和变量的数据类型称为变量的三要素。显然，变量是R语言的对象之一。

本章涉及的内容包括：

- 变量赋值定义。
- 变量的类型。
- 特殊变量定义。
- 判别与转换变量的函数。
- R的变量命名规则及特点。

3.1 变量赋值

在 R 语言中，变量即数据对象，对变量的赋值用“<-”或者“->”（用“=”也可以，但很少用。请注意：“=”不是“等于”，在 R 语言中“等于”是用“==”表示）。例如：

```
>x<-3 或者 3->x
>y<-z<-6
```

此时，变量 x 的值为 3，变量 y 和 z 的值为 6。

可以用 ls() 函数查看当前系统中的变量的状况，例如：

```
> ls()
[1]"x" "y" "z"
```

表明此时系统中有 3 个变量，x、y 和 z。

3.2 变量的类型

在 R 语言中变量的类型有：

- ❑ 数值型（numeric）：数值型变量还可以再划分为整数（integer）、单精度和双精度（double）3 种。
- ❑ 逻辑型（logical）：逻辑型变量的取值只能是 TRUE（或 T），或者是 FALSE（或 F）。
- ❑ 字符型（character）：字符型变量是夹在双引号 "" 或单引号 ' 之间的字符串。
- ❑ 复数型（complex）：复数型变量具有 a+bi 的形式。
- ❑ 原味型（rsw）：原味型变量就是以二进制形式保存的变量。

3.3 特殊变量

在 R 语言中还有一些特殊意义的变量，它们是：

- ❑ Inf，其意义为无穷。例如，1/0 的结果为 Inf，与它相反意义的变量为 -Inf，表示负无穷。
- ❑ NaN（Not a Number），其意义为不确定。例如，0/0 的结果为 NaN。
- ❑ NA（Not Available），其意义为无法得到或缺失时，就给相应的位置赋予 NA，与 NA 变量的任何运算，其结果均为 NA。
- ❑ NULL，其意义是空的变量。

3.4 判别与转换变量的函数

在 R 语言中，各种类型的变量可以相互转换，并提供了相应的函数对于变量的类型进行判别。

【实例 3-1】变量可以相互转换示例。

```
> x<-3
> y<-as.character(x)
> y
[1] "3"
> is.numeric(y)
[1] FALSE
```

在这里 x 是一个数值型变量（其值为 3），由 as.character() 函数强制转换为字符型变量（此时为字符 3），并赋予变量 y。用 is.numeric() 函数来判别变量 y 的类型是否为数值型，返回值为假，即说明 y 不是数值型变量。

表 3-1 给出了各种判别与转换变量类型的函数。

表 3-1 R 语言中判别与转换变量类型的函数

类　型	判别函数	转换函数
数值	is.numeric()	as.numeric()
整数	is.integer()	as.integer()
双精度	is.double()	as.double()
复数	is.complex()	as.complex()
字符	is.character()	as.character()
逻辑	is.logical()	as.logical()
无穷	is.infinite()	—
有限	is.finite()	—
不确定	is.nan()	—
缺失	is.na()	—
空	is.null()	as.null()

一般来说，对于开方函数（sqrt()），其自变量只能是正实数或者是复数，负实数是不能做开方运算的。但在 R 语言中，经过特殊处理后，负实数也能做开方运算。

【实例 3-2】求负数平方根示例。

```
> sqrt(-2)
[1] NaN
Warning message:(警告信息)
In sqrt(-2) : 产生了 NaNs
```

如果一定要对负数做开方运算，那只能是在复数意义下的运算，需要先将实数改写成复数，例如：

```
>sqrt(-2+0i)
[1] 0+1.414214i
```

或者将实数强制转换成复数，例如：

```
>sqrt(as.complex(-2))
[1] 0+1.414214i
```

3.5 R的变量命名规则

R语言对变量的基本命名规则有：

- 不能用R语言的保留字如function、if、else、while、for、NA、next、TRUE等作为变量名。
- R语言区分英文字母大小写，所以backet与Backet、BACKET会视为3个不同的变量名。
- 变量名开头必须是英文字母或点号（“.”），当以点号（“.”）开头时，接着的第二位不能是数字；对于自定义的变量名，建议使用大写英文字母开头，以避免与系统变量混淆。
- 变量名只能包含字母、数字、下画线（“_”）和点号（“.”）。

3.6 R变量的特点

R语言变量有着与其他编程语言不同的两大特点。

特点一：在一般编程语言中，变量必须遵循“先定义后使用”的原则，但在R语言中，变量在使用时可以不先定义，直接对其赋值。

【实例3-3】已知圆的半径R为5，求圆的面积。

```
>R<-5
> Area=3.14*R^2
> Area
[1] 78.5
```

特点二：R是动态赋值语言，变量的类型可以随时改变。

【实例3-4】变量的类型可以随时改变示例。

```
> x<-5
> x
[1] 5
> x<-c("abc")
> x
[1] "abc"
```

变量x先赋予整数5，后赋予字符串“abc”，程序运行正常。

自我检测

一、判断题

(　　) 1. 在 R 语言中，变量在使用时可以不先定义，直接对其赋值。
(　　) 2. 在 R 语言中，变量的类型不可以随时改变。
(　　) 3. 在 R 语言中，变量的类型除常见的之外，还有复数型和原味型。
(　　) 4. R 语言不区分英文字母大小写，所以 backet 与 Backet、BACKET 会视为 3 个相同的变量名。
(　　) 5. 在 R 语言中，负数可以在复数意义下做开方运算。

二、单选题

(　　) 1. 下列哪一个函数可以在 Console 窗口列出所有变量数据？
A. ls()　　B. wm()　　C. q()　　D. getwd()
(　　) 2. 下列哪一个是 R 语言不合法的变量名称？
A. x3　　B. x.3　　C. .x3　　D. 3.x
(　　) 3. 下列哪一个不是 R 语言的等号符号？
A. #　　B. =　　C. < －　　D. － >
(　　) 4. 执行下列命令后，*y* 的值是下面哪一个？

```
> x<-3
> y<-as.character(x)
```

A. 3　　B. -3　　C. “3”　　D. 无法确定
(　　) 5. 若再执行下列命令后，输出结果是下面哪一个？

```
> is.numeric(y)
```

A. [1]3　　B. [1] “3”　　C. [1]TRUE　　D. [1] FALSE

第 4 章
向　　量

在R语言中，称创建和控制的实体为对象，它可以是向量、矩阵、数组、因子、数据框、列表、字符串和函数等，也可以是由这些实体定义的一般结构（structrure）。

向量（vector）是由相同基本类型的元素构成的数据系列，是R语言中的最常用的对象，同时也可以作为R语言中最基本的数据输入方式。

本章涉及的内容包括：

■ 处理向量对象函数的定义。

■ 向量对象的数学运算函数。

4.1 简单的处理向量对象函数

简单的处理向量对象的函数主要有 seq()、c()、rep() 等。

1. 建立向量对象函数 seq()

seq() 函数可用于建立一个规则型的数值向量对象，它的使用格式如下：

```
seq(from,to,by=width,length.out=numbers)
```

参数的意义如下。

from：数值向量对象的初始值。

to：数值向量对象的终止值。

by：每个数值向量元素的增值。如果省略 by 参数，同时没有 length.out 参数存在，则数值向量元素的增值是 1 或 -1。

length.out：用于设定 seq() 函数所需建立的数值向量元素的个数。

【实例 4-1】使用 seq() 建立规则型的数值向量对象。

数值向量元素的初始值是 1，终止值是 9，省略了参数 by，同时没有参数 length.out，则数值向量元素的增值是 1，如图 4-1 所示。

```
> seq(1,9)
[1] 1 2 3 4 5 6 7 8 9
```

图 4-1　代码及运行结果之一

数值向量元素的初始值是 1，终止值是 9，参数 by 值为 2，表示数值向量元素的增值是 2，参数 length.out 的默认值为 5，如图 4-2 所示。

```
> seq(1,9,by=2)
[1] 1 3 5 7 9
```

图 4-2　代码及运行结果之二

数值向量元素的初始值是 1，终止值是 9，参数 by 值为 pi=3.141593，所以输出的值分别为：1.000000，4.141593，7.283185。后面一数超过 9，所以不输出，如图 4-3 所示。

```
> seq(1,9,by=pi)
[1] 1.000000 4.141593 7.283185
```

图 4-3　代码及运行结果之三

数值向量元素的初始值是 1.5，终止值是 4.5，参数 by 值为 0.5，参数 length.out 的默认值为 7，如图 4-4 所示。

```
> seq(1.5,4.5,by=0.5)
[1] 1.5 2.0 2.5 3.0 3.5 4.0 4.5
```

图 4-4　代码及运行结果之四

数值向量元素的初始值是 1，终止值是 9，参数 length.out 的值为 5，参数 by 的默认值为 2，如图 4-5 所示。

```
> seq(1,9,length.out = 5)
[1] 1 3 5 7 9
```

图 4-5 代码及运行结果之五

2. 连接向量对象函数 c()

c() 函数中的 c 是 concatenate() 的缩写。这个函数不用于建立向量对象，而用于连接向量对象元素。

【实例 4-2】使用 c() 函数连接并输出一个简单的向量对象。

代码及运行情况如图 4-6 所示。

```
> x<-c(1,3,7,4,9)
> x
[1] 1 3 7 4 9
```

图 4-6 使用 c() 函数连接并输出向量

用 c() 函数连接一个元素值分别为 1、3、7、4、9 的向量对象并赋予数值型变量 x，将其输出。

3. 重复向量对象函数 rep()

如果向量对象内某些元素是重复的，则可以使用 rep() 函数建立这种类型的向量对象，它的使用格式如下。

```
rep(x,times,each,length.out)
```

参数的意义如下。

x：向量对象内可以重复的元素。

times：重复的次数。

each：每次每个元素的重复次数。

length.out：向量的长度。

【实例 4-3】使用 rep() 函数建立向量对象重复元素的应用。

可重复向量元素为 5，共重复 5 次，如图 4-7 所示。

```
> rep(5,5)
[1] 5 5 5 5 5
```

图 4-7 建立向量对象重复元素示例一

可重复向量元素为 5，共重复 5 次，如图 4-8 所示。

```
> rep(5,times=5)
[1] 5 5 5 5 5
```

图 4-8 建立向量对象重复元素示例二

可重复向量元素为 1 ∶ 5，共重复 3 次，如图 4-9 所示。

```
> rep(1:5,3)
 [1] 1 2 3 4 5 1 2 3 4 5 1 2 3 4 5
```

图 4-9　建立向量对象重复元素示例三

可重复向量元素为 1 ∶ 3，共重复 3 次，每次每个元素重复出现 2 次，如图 4-10 所示。

```
> rep(1:3,times=3,each=2)
 [1] 1 1 2 2 3 3 1 1 2 2 3 3 1 1 2 2 3 3
```

图 4-10　建立向量对象重复元素示例四

可重复向量元素为 1 ∶ 3，每个元素重复出现 2 次，向量对象总长度为 8 个向量元素，如图 4-11 所示。

```
> rep(1:3,each=2,length=8)
[1] 1 1 2 2 3 3 1 1
```

图 4-11　建立向量对象重复元素示例五

4.2　向量对象的数学运算函数

向量对象的数学运算函数有常见运算函数、计算元素积函数、累积运算函数、差值运算函数、排序函数、计算向量对象长度函数和基本统计函数等。

1. 常见运算函数

常见运算函数包括计算所有向量对象元素和的函数 sum()、计算所有向量对象元素最大值的函数 max()、计算所有向量对象元素最小值的函数 min() 和计算所有向量对象元素平均值的函数 mean()。分别说明如下。

【实例 4-4】计算某向量对象元素的总和、最大值、最小值和平均值示例。

代码及运行结果如图 4-12 所示。

```
> x<-c(2,6,4,8,12,10)
> sum(x)
[1] 42
> max(x)
[1] 12
> min(x)
[1] 2
> mean(x)
[1] 7
```

图 4–12　计算向量对象元素的总和、最大值、最小值和平均值

2. 计算所有向量对象元素积的函数

计算所有向量对象元素积的函数是 prod()，通常用于计算阶乘。

【实例 4-5】用 prod() 函数计算 5 的阶乘和 10 的阶乘示例。

5！=5×4×3×2×1，1、2、3、4、5 正好是向量对象（1：5）的元素，所以，可以通过 prod（1：5）来计算它们的乘积。同理，10！也可以通过 prod（1：10）来计算。

代码及运行结果如图 4-13 所示。

```
> prod(1:5)
[1] 120
> prod(1:10)
[1] 3628800
```

图 4-13 计算向量对象元素的积

3. 累积运算函数

累积运算函数包括计算所有向量对象元素累积和的函数 cumsum()、计算所有向量对象元素累积积的函数 cumprod()、可返回各向量对象元素从向量起点到该元素位置间所有元素最大值的函数 cummax()、可返回各向量对象元素从向量起点到该元素位置间所有元素最小值的函数 cummin()。

【实例 4-6】计算某向量对象元素的累积和、累积积、累积最大值和累积最小值示例。

代码及运行结果如图 4-14 所示。

```
> x<-c(10,5,9,15,7,11)
> cumsum(x)
[1] 10 15 24 39 46 57
> cumprod(x)
[1]     10     50    450   6750  47250 519750
> cummax(x)
[1] 10 10 10 15 15 15
> cummin(x)
[1] 10  5  5  5  5  5
```

图 4-14 计算向量对象元素的累积和、累积积、累积最大值和累积最小值

cummax(x) 即 cummax(10，5，9，15，7，11)，向量元素起点为 10，与 5 比 10 大，与 10、5、9 比，仍是 10 大，与其 10、5、9、15 比 15 大，与 10、5、9、15、7 比，仍是 15 大，与 10、5、9、15、7、11 比，还是 15 大。所以输出结果是：10 10 10 15 15 15。

cummin(x) 即 cummin(10，5，9，15，7，11)，向量元素起点为 10，与 5 比 5 小，与 10、5、9 比，仍是 5 小，与 10、5、9、15 比 5 小，与 10、5、9、15、7 比，仍是 5 小，与 10、5、9、15、7、11 比，还是 5 小。所以输出结果是：10 5 5 5 5 5。

4. 差值运算函数

计算各元素与下一个元素的差的函数是 diff()，它返回的是各元素与下一个元素的差。

【实例 4-7】用差值运算函数计算上面向量对象元素的差值。

代码及运行结果如图 4-15 所示。

```
> diff(x)
[1] -5  4   6 -8  4
```

图 4-15　用差值运算函数计算向量对象元素的差值

diff(x) 即 diff(10，5，9，15，7，11)，5-10=-5，9-5=4，15-9=6，7-15=-8，11-7=4。由于返回的是每个元素与下一个元素的差值，所以结果向量对象元素必然会比原向量对象元素少一个。

5. 排序函数

用于向量对象元素排序的排序函数是：sort(x,decreasing=FALSE)，默认是从小排到大，即正序。所以，如果是从小排到大，则第 2 个参数 decreasing 可以省略。

用于返回向量对象位置的函数是 rank()，这个函数返回的向量对象元素是原向量对象按从小到大排序后所得向量对象的位置。

用于向量对象元素倒排的函数是 rev()，它可以将向量元素进行倒向排列。

【实例 4-8】分别用 sort()、rank()、rev() 函数对向量对象元素进行正排、逆排、正排中元素排位和颠倒排序示例。

代码及运行结果如图 4-16 所示。

```
> x<-c(10,5,9,15,7,11)
> sort(x)
[1]  5  7  9 10 11 15
> sort(x,decreasing = TRUE)
[1] 15 11 10  9  7  5
> rank(x)
[1] 4 1 3 6 2 5
> rev(x)
[1] 11  7 15  9  5 10
```

图 4-16　对向量对象元素进行排序

下面对 rank(x) 返回结果做一简单解释：原向量对象元素的第 1 个元素 10 排在正序中的第 4 位，第 2 个元素 5 排在正序中的第 1 位，第 3 个元素 9 排在正序中的第 3 位，第 4 个元素 15 排在正序中的第 6 位，第 5 个元素 7 排在正序中的第 2 位，第 6 个元素 11 排在正序中的第 5 位。

rev(x) 是颠倒排序函数，即将原数 (10，5，9，15，7，11) 按顺序倒排成 (11，7，15，9，5，10)，不是按数值大小倒排，所以与 sort(x,decreasing=TRUE) 有别。

6. 计算向量对象长度的函数

计算向量对象长度的函数是 length()，它可以计算向量对象的长度，即向量对象元素的个数。

【实例 4-9】用计算向量对象长度的函数计算向量对象元素的个数示例。

代码及运行结果如图 4-17 所示。

```
> x<-c(10,5,9,15,7,11)
> length(x)
[1] 6
```

图 4-17 计算向量对象元素的个数

7. 基本统计函数

基本统计函数有 sd() 和 var() 两个，sd() 函数用于计算样本的标准偏差，var() 函数用于计算样本的变异数（或称方差）。

【实例 4-10】基本统计函数的使用示例。

代码及运行结果如图 4-18 所示。

```
> sd(c(11,15,18))
[1] 3.511885
> var(14:16)
[1] 1
```

图 4-18 基本统计函数的使用

样本的标准偏差和样本的变异数是统计学中的两个基本统计量，标准偏差简称标准差，其值等于方差的平方根，方差是由统计学中规定的专门用于度量数据集分散程度的统计量。方差的计算公式是：全部数据与其平均值差的平方的和除以数据个数减 1 的值。方差越大，则说明数据离均值越远，数据越分散。由于方差的值一般很大，所以再将其开平方得到标准差。以上面数据为例，11、15、18 的和为 44，平均值为 14.6667。11 与 14.6667 的差为 -3.6667，15 与 14.6667 的差为 0.3333，18 与 14.6667 的差为 3.3333，它们的平方和为 24.666672，得到方差为 12.333336，开平方得到标准差为 3.511885。

向量对象（14 ：16）的元素为（14，15，16），14、15、16 的和为 45，平均值为 15。14 与 15 的差为 -1，15 与 15 的差为 0，16 与 15 的差为 1，它们的平方和为 2，得到方差为 1。

【实例 4-11】对向量的综合运算示例。

代码及运行结果如图 4-19 所示。

```
> x<-c(1:5)
> y<-c(6:10)
> z<-c(x,y,11,12)
> z
 [1]  1  2  3  4  5  6  7  8  9 10 11 12
> z<-(x+y)
> z
[1]  7  9 11 13 15
> min(z)
[1] 7
> range(z)
[1]  7 15
> sum(z)
[1] 55
> var(z)
[1] 10
```

图 4-19 向量的综合运算

第1条代码向量x中存储了序列1，2，3，4，5，第二条代码向量y中存储了序列6，7，8，9，10，第3条代码将向量x、y和数字11、12拼接成一个更长的向量z，第4条代码显示了向量z存储的内容。第5、6条代码将向量x和y相加后赋给了向量z，并查看了z。由于向量x和y的长度相同，因此z中存储的内容即为向量x和y元素一一对应相加后的结果。在R语言中，可以直接对向量执行加、减、乘、除等基本运算，但首先要保证执行运算的两个向量的长度相等，否则将会得到难以解释或者错误的结果。在执行了第5、6条代码之后，向量z中存储的内容已经被替换为新的序列7，9，11，13，15，这便是赋值过程中的“新冲旧”。

作为一个统计软件，R语言中内置的函数十分丰富，写起来也十分方便。上述第7条代码用min()函数对z取最小值为7，用range()函数给出了z的范围为7～15，用sum()函数计算出了z的和为55，用var()函数计算出了z的方差为10。上面介绍过方差的计算公式是：全部数据与其平均值差的平方的和除以数据个数减1的值。5个数的和为55，5个数的平均值为11，全部数据与11的差分别为-4、-2、0、2、4，其平方和为40，除以（5-1）=4，所以得到方差为10。

自我检测

一、判断题

（　）1. 有如下两个命令：

```
>x<- -2.5:-3.9
>length(x)
```

上面命令的执行结果为如下所示。

```
[1]2
```

（　）2. 有如下两个命令：

```
>x<-1:3
>y<-x+9:11
>y
```

上面命令的执行结果为如下所示。

```
[1]10 11 12
```

（　）3. 有如下两个命令：

```
>x<-1:5
>x[-(2:5)]
```

上面命令的执行结果为如下所示。

```
[1]1
```

(　　) 4. 有如下两个命令：

```
>head(letters)
[1] "a" "b" "c" "d" "e" "f"
>letters[c(1,5)]
```

上面命令的执行结果为如下所示。

```
[1] "a" "e"
```

(　　) 5. 有如下命令：

```
x<-seq(-10,10,15)
```

上面命令执行后，x 向量对象的值是 10。

二、单选题

(　　) 1. 以下命令会得到哪个数值结果？

```
>x<-1:3
>y<-x+1:6
>y
```

A. [1] 1 3 5　　B. [1] 2 4 5　　C. [1] 2 4 6 5 7 9　　D. [1] 2 4 5 6 8 9

(　　) 2. 以下命令会得到哪个数值结果？

```
>seq(1,9,length.out=5)
```

A. [1] 1 3 5 7 9　　B. [1] 1 6　　C. [1] 1 2 3 4 5 6　　D. [1] 5 6 7 8 9

(　　) 3. 以下哪个命令能得到下列数值结果？

```
[1] 2 2 2
```

A. >rep(3,2)　　B. >rep(2,3)　　C. >rep(2,2,2)　　D. >rep(3,2,2)

(　　) 4. 执行下列命令后，会得到下面哪一个数值结果？

```
> x<-c(8,12,19,4,5)
> which.max(x)
```

A. [1] 3　　B. [1] 4　　C. [1] 5　　D. [1] 19

(　　) 5. 执行下列两条命令后，会得到下面哪一个数值结果？

```
> x<-seq(-2,2,0.5)
>length(x)
```

A. [1]2　　B. [1] 5　　C. [1]8　　D. [1] 9

第5章 因　子

在R语言中，因子是用于对数据进行分类并将其存储为级别的数据对象。它们在具有有限数量的唯一值的列中很有用，如“男性”“女性”等。

本章涉及的内容包括：

- 建立因子的函数。
- 与因子相关的函数。
- 因子的转换及常用错误解决方法。
- 有序因子的定义。

5.1 建立因子的函数

在 R 语言中有一个特殊的数据结构称为因子（factor），不论是字符串数据或数值数据，都可以转换成因子。

因子可以用 factor() 函数来建立，使用 factor() 函数来建立因子最重要的参数有两个：第 1 个参数是 x 向量，是欲转换为因子的向量；第 2 个参数是 levels，是原 x 向量内元素的可能值。

【实例 5-1】用 factor() 函数来建立某向量的因子示例。

代码及运行结果如图 5-1 所示。

```
> data<-c(1,2,3,3,1,2,2,3,1,3,2,1)
> (fdata<-factor(data))
 [1] 1 2 3 3 1 2 2 3 1 3 2 1
Levels: 1 2 3
```

图 5-1　建立向量的因子

在 data 向量中，可能值 1 2 3 即因子水平，转换成的因子是 fdata。levels 为可选向量，当此参数取默认值时，由原向量中元素的不同值来确定。levels 用来指定各因子水平的名称，在此取默认值，所以相应的因子与原数据相同。

【实例 5-2】用 factor() 函数的可选项 levels 将默认因子转换成罗马数字示例。

代码及运行结果如图 5-2 所示。

```
> data<-c(1,2,3,3,1,2,2,3,1,3,2,1)
> (fdata<-factor(data))
 [1] 1 2 3 3 1 2 2 3 1 3 2 1
Levels: 1 2 3
> (rdata<-factor(data,labels = c("I","II","III")))
 [1] I   II  III III I   II  II  III I   III II  I
Levels: I II III
```

图 5-2　将默认因子转换成罗马数字

可以看到，1 转换为“I”，2 转换为“II”，3 转换为“III”，在新的因子 rdata 中原向量元素的顺序没有变化。

5.2 与因子有关的函数

1. table() 函数

可用 table() 函数统计因子向量中各水平出现的频数。

【实例 5-3】用 table() 函数统计因子向量 rdata 中各水平出现的频数示例。

代码及运行结果如图 5-3 所示。

```
> table(rdata)
rdata
  I  II III
  4   4   4
```

图 5-3 统计因子向量中各水平出现的频数

2. tapply() 函数

假设因子 rdata 在不同水平下的数值为：

18 20 23 32 15 17 22 21 27 30 26 22

执行如下命令，运行结果如图 5-4 所示。

```
> value<-c(18,20,23,32,15,17,22,21,27,30,26,22)
> mean(value)
[1] 22.75
```

图 5-4 计算全部数据总平均值

得到全部数据总平均值是 22.75。

有时需要计算某因子下的平均值，直接使用 mean() 函数就不方便了。R 语言提供了 tapply() 函数，它属于应用函数，用作数据在不同水平下完成指定函数的计算，如 mean、var 和 sum 等。

tapply() 函数的使用格式为：

```
tapply(x,INDEX,FUN=NULL,…,simplify=TRUE)
```

参数的意义如下。

x：对象，通常是一向量。

INDEX：与 x 具有相同的长度，表示 x 的因子水平。

FUN：需要计算的函数。

simplify：逻辑变量，当取默认值 TRUE 时，返回值以简化形式表示，数值为 FALSE 时，返回值以列表形式出现。

【实例 5-4】 用 tapply() 函数计算因子向量 rdata 中各水平的平均值示例。

代码及运行结果如图 5-5 所示。

```
> data<-c(1,2,3,3,1,2,2,3,1,3,2,1)
> (fdata<-factor(data))
 [1] 1 2 3 3 1 2 2 3 1 3 2 1
Levels: 1 2 3
> (rdata<-factor(data,labels = c("I","II","III")))
 [1] I   II  III III I   II  II  III I   III II  I
Levels: I II III
> value<-c(18,20,23,32,15,17,22,21,27,30,26,22)
> tapply(value,rdata,FUN=mean)
    I    II   III
20.50 21.25 26.50
```

图 5-5 计算因子向量各水平的平均值

这个运算结果可以通过如下说明进行理解。

两个向量的元素对应关系如下：

18 20 23 32 15 17 22 21 27 30 26 22

I II III III I II II III I III II I

第I组的平均值为：（18+15+27+22）/4=82/4=20.50。

第II组的平均值为：（20+17+22+26）/4=85/4=21.25。

第III组的平均值为：（23+32+21+30）/4=106/4=26.50。

5.3 因子的转换及常见错误解决

某些时候可能想将因子转换字符串常量或者数值常量，这时可以使用下列函数。

as.character()：可将因子转换成字符串常量。

as.nameric()：可将因子转换成数值常量。

【实例 5-5】 建立一个方向数据缺少“South”的不完整的向量，用 Levels 指定缺少的值，然后进行相应的转换。

```
> directions<-c("East","West","North","East","West")
> fourth.factor<-factor(directions)
> fourth.factor
[1] East  West  North East  West
Levels: East North West
> fifth.factor<-factor(fourth.factor,levels=c("East","West","South","North"))
> fifth.factor
[1] East  West  North East  West
Levels: East West South North
> as.character(fifth.factor)
[1] "East"  "West"  "North" "East"  "West"
> as.numeric(fifth.factor)
[1] 1 2 4 1 2
```

【实例 5-6】 解决记录天气的摄氏温度的数值型因子在转换时的常见错误示例。

```
> temperature<-factor(c(28,32,30,34,32,34))
> str(temperature)

  Factor w/ 4 levels "28", "30", "32", …:  1 3 2 4 3 4
```

可以得到 levels 有 4 个值，分别是“28”“30”“32”“34”，相对应的是 1，2，3，4。所以对于“28”“32”“30”“34”“32”“34”应该传回“1，3，2，4，3，4”。

如果将 temperature 因子转换成字符串向量，可以得到下列结果：

```
> as.character (temperature)

[1] "28" "32" "30" "34" "32" "34"
```

这是预期结果，但是，如果将此 temperature 因子转换成数值向量，将会得到如下结果：

```
> as.numeric (temperature)

[1] 1 3 2 4 3 4
```

显然，这并不是期望得到的结果。可以使用这个方法给予解决：将 as.character（temperature）的返回值当作 as.numeric() 函数的参数。

```
> as.numeric (as.character (temperature) )

[1] 28 32 30 34 32 34
```

问题得到圆满解决。

5.4 有序因子

有序因子主要用于处理有序的数据，可使用下列两个函数建立有序因子。

- ordered() 函数。
- factor() 函数。

【实例 5-7】建立系列字符“A”“B”“A”“C”“D”“B”“D”的有序因子。

```
> str1<-c ("A", "B", "A", "C", "D", "B", "D")
> str1.order<-ordered (str1)
> str1.order

[1] A B A C D B D
Levels:  A < B < C < D
```

在上面的运行结果中，R 语言是直接按英文字母顺序处理排序因子的。这种排序在有些情况下不一定合适。例如在记录学习成绩的等级时，A 的等级应该是最高的，应该是 D<C<B<A。可以用如下代码来解决：

```
> str2.order<-factor (str1, levels=c ("D", "C", "B", "A") , ordered=TRUE)
> str2.order

[1] A B A C D B D
Levels:  D < C < B < A
```

【实例 5-8】筛选 str2.order 有序因子内成绩大于或者等于 B 的元素对应索引值。

代码及运行结果如下：

```
> which (str2.order>="B")

[1] 1 2 3 6
```

索引值 1 对应 A，索引值 2 对应 B，索引值 1 2 3 6 对应的正是满足大于或者等于 B 条件的元素的位置。

自我检测

一、判断题

（　）1. 有如下两个命令：

```
>x<-c("Yes", "No", "Yes", "No", "Yes")
>y<-factor(x)
```

上面 y 的 Levels 数量为 5。

（　）2. 建立因子时，如果想要缩写 Levels 的值，可以使用参数 labels 配合参数 levels 设定。

（　）3. 用 Ordered 建立系列字符 “A” “B” “A” “C” “D” “B” “D” 的有序因子 order，可以得到 D<C<B<A 的结果。

（　）4. 用 table 自动统计上面有序因子 order 中 “D” “C” “B” “A” 各值的出现次数应为 2 1 2 2。

（　）5. 用 as.numeric() 函数，可以将数值向量转换为因子。

二、单选题

（　）1. 有以下命令：

```
>x<-c("Yes", "No", "Yes", "No", "Yes")
```

用下面哪一个命令可以得到下列结果？

```
Yes No
3  2
```

A. rev(x)　　B. factor(x)　　C. table(x)　　D. ordered(x)

（　）2. 以下命令会得到哪个数值结果？

```
>x<-c("Yes", "No", "Yes", "No", "Yes")
>y<-factor(x)
>as.numeric(y)
```

A. [1] 1 2 1 2 1　　B. [1] 2 1 2 1 2　　C. [1] 1 1 1 2 2　　D. [1] 2 2 1 1 2

（　）3. 以下命令能得到下列哪个执行结果？

```
>x<-c("A", "B", "C", "D", "A", "A")
>y<-factor(x)
>nlevels(y)
```

A. [1] 3　　B. [1] 4　　C. [1] 5　　D. [1] 6

(　　) 4. 执行下列命令后，会得到下面哪一种结果？

```
>x<-c("A", "B", "C", "D", "A", "A")
>y<-factor(x)
>length(y)
```

A. [1] 3　　B. [1] 4　　C. [1] 5　　D. [1] 6

(　　) 5. 执行下列命令后，会得到下面哪一种结果？

```
>x<-c("A", "B", "C", "D", "A", "A")
>y<-factor(x,levels=c("D", "C", "B", "A"),ordered=TRUE)
>which(y>= "A")
```

A. [1] 2 3 4　　B. [1] 1 1 1　　C. [1] 1 5 6　　D. [1] 2 4 6

第6章
矩　　阵

R 语言中，除向量之外，矩阵也是数据输入和计算的最简单形式。

本章涉及的内容包括：

■ 建立矩阵的函数。

■ 查看矩阵对象属性的函数。

■ 将向量构成矩阵的函数。

■ 矩阵行和列的运算函数。

6.1 建立矩阵的函数 matrix()

建立矩阵使用 matrix() 函数，其使用格式如下：

```
matrix(data,nrow=?,ncol=?,byrow=logical,dimnames=NULL)
```

data：数据。

nrow：预计行的数量。

ncol：预计列的数量。

byrow：逻辑值。默认是 FALSE，表示先按列（Column）填数据，第 1 列填满再填第 2 列，其他以此类推。因此，若先填列可以省略此参数。如果是 TRUE 则先填行（Row），第 1 行填满再填第 2 行，其他以此类推。

dimnames：矩阵的属性。

【实例 6-1】建立一个数据为 1 ： 12，用 4 行（norw=4）先填列的矩阵 a.matrix。

代码及运行结果如图 6-1 所示。

```
> a.matrix<-matrix(1:12,nrow=4)
> a.matrix
     [,1] [,2] [,3]
[1,]    1    5    9
[2,]    2    6   10
[3,]    3    7   11
[4,]    4    8   12
```

图 6-1 建立一个先填列的矩阵

【实例 6-2】建立一个数据为 1 ： 12，用 4 行先填行的矩阵 b.matrix。

代码及运行结果如图 6-2 所示。

```
> b.matrix<-matrix(1:12,nrow=4,byrow=TRUE)
> b.matrix
     [,1] [,2] [,3]
[1,]    1    2    3
[2,]    4    5    6
[3,]    7    8    9
[4,]   10   11   12
```

图 6-2 建立一个先填行的矩阵

6.2 查看矩阵对象属性的函数

查看矩阵对象属性的函数包括查看矩阵结构的函数 str()、查看矩阵行数的函数 nrow()、查看矩阵列数的函数 ncol()、同时查看矩阵行数和列数的函数 dim()、获取矩阵对象元素个数的函数 length() 和检查对象是否为矩阵的函数 is.matrix() 等。

【实例 6-3】查看矩阵对象属性函数应用示例。

代码及运行结果如图 6-3 至图 6-8 所示。

```
> str(a.matrix)
 int [1:4, 1:3] 1 2 3 4 5 6 7 8 9 10 ...
> str(b.matrix)
 int [1:4, 1:3] 1 4 7 10 2 5 8 11 3 6 ...
```

图 6-3　查看矩阵对象属性示例之一

```
> nrow(a.matrix)
[1] 4
> nrow(b.matrix)
[1] 4
```

图 6-4　查看矩阵对象属性示例之二

```
> ncol(a.matrix)
[1] 3
> ncol(b.matrix)
[1] 3
```

图 6-5　查看矩阵对象属性示例之三

```
> dim(a.matrix)
[1] 4 3
> dim(b.matrix)
[1] 4 3
```

图 6-6　查看矩阵对象属性示例之四

```
> length(a.matrix)
[1] 12
> length(b.matrix)
[1] 12
```

图 6-7　查看矩阵对象属性示例之五

```
> is.matrix(a.matrix)
[1] TRUE
> is.matrix(b.matrix)
[1] TRUE
```

图 6-8　查看矩阵对象属性示例之六

6.3　将向量构成矩阵的函数

将向量构成矩阵的函数有 rbind() 和 cbind() 两个。

rbind() 函数可以将两个或多个向量构成矩阵，每个向量各自占一行。

【实例 6-4】用 rbind() 函数将两个向量构成矩阵示例。

代码及运行结果如图 6-9 所示。

```
> v1<-c(7,11,15)
> v2<-c(5,10,9)
> a1<-rbind(v1,v2)
> a1
   [,1] [,2] [,3]
v1    7   11   15
v2    5   10    9
```

图 6-9 将两个向量构成矩阵

【实例 6-5】用 rbind() 函数将矩阵和向量构成新矩阵示例。

代码及运行结果如图 6-10 所示。

```
> v3<-c(3,6,12)
> a2<-rbind(a1,v3)
> a2
   [,1] [,2] [,3]
v1    7   11   15
v2    5   10    9
v3    3    6   12
```

图 6-10 将矩阵和向量构成新矩阵

cbind() 函数可以将两个或多个向量构成矩阵，功能与 rbind() 类似。不同的是，cbind() 每个向量各占一列。

【实例 6-6】用 cbind() 函数将两个向量构成矩阵示例。

代码及运行结果如图 6-11 所示。

```
> v1<-c(7,11,15)
> v2<-c(5,10,9)
> a3<-cbind(v1,v2)
> a3
     v1 v2
[1,]  7  5
[2,] 11 10
[3,] 15  9
```

图 6-11 将两个向量构成矩阵

【实例 6-7】用 cbind() 函数将两个向量和一个矩阵构成新矩阵示例。

代码及运行结果如图 6-12 所示。

```
> cbind(1:3,11:13,matrix(21:26,nrow=3))
     [,1] [,2] [,3] [,4]
[1,]    1   11   21   24
[2,]    2   12   22   25
[3,]    3   13   23   26
```

图 6-12 将两个向量和一个矩阵构成新矩阵

【实例 6-8】用 cbind() 函数将两个矩阵构成新矩阵示例。

代码及运行结果如图 6-13 所示。

```
> x1<-matrix(c(1:9),nrow=3)
> x1
     [,1] [,2] [,3]
[1,]    1    4    7
[2,]    2    5    8
[3,]    3    6    9
> x2<-matrix(c(10:18),nrow=3)
> x2
     [,1] [,2] [,3]
[1,]   10   13   16
[2,]   11   14   17
[3,]   12   15   18
> cbind(x1,x2)
     [,1] [,2] [,3] [,4] [,5] [,6]
[1,]    1    4    7   10   13   16
[2,]    2    5    8   11   14   17
[3,]    3    6    9   12   15   18
```

图 6-13　将两个矩阵构成新矩阵示例之一

【实例 6-9】用 rbind() 函数将两个矩阵构成新矩阵示例。

代码及运行结果如图 6-14 所示。

```
> rbind(x1,x2)
     [,1] [,2] [,3]
[1,]    1    4    7
[2,]    2    5    8
[3,]    3    6    9
[4,]   10   13   16
[5,]   11   14   17
[6,]   12   15   18
```

图 6–14　将两个矩阵构成新矩阵示例之二

将矩阵合并成新矩阵时，需要用专门的函数。cbind() 函数用于按列合并矩阵，rbind() 函数用于按行合并矩阵。在按列合并矩阵时，新矩阵的列数将增多，按行合并矩阵时，新矩阵的行数将增多。要注意，在使用 cbind() 函数时，被拼接的矩阵的行数必须一致；在使用 rbind() 函数时，被拼接的矩阵的列数必须一致，否则系统将报错。

【实例 6-10】矩阵相乘运算示例。

代码及运行结果如图 6-15 所示。

```
> x1 %*% x2
     [,1] [,2] [,3]
[1,]  138  174  210
[2,]  171  216  261
[3,]  204  258  312
```

图 6–15　矩阵相乘运算

按数学中两矩阵相乘的法则，将计算过程模拟如下：

$$\underset{A}{\begin{pmatrix}1 & 4 & 7\\ 2 & 5 & 8\\ 3 & 6 & 9\end{pmatrix}}\times\underset{B}{\begin{pmatrix}10 & 13 & 16\\ 11 & 14 & 17\\ 12 & 15 & 18\end{pmatrix}}=\begin{pmatrix}138 & 174 & 210\\ 171 & 216 & 261\\ 204 & 258 & 312\end{pmatrix}$$

第 1 行第 1 个数是：1×10+4×11+7×12=10+44+84=138；（为 A 的第 1 行与 B 的第 1 列各数乘积之和）

第 1 行第 2 个数是：1×13+4×14+7×15=13+56+105=174；（为 A 的第 1 行与 B 的第 2 列各数乘积之和）

第 1 行第 3 个数是：1×16+4×17+7×18=16+68+126=210；（为 A 的第 1 行与 B 的第 3 列各数乘积之和）

第 2 行第 1 个数是：2×10+5×11+8×12=20+55+96=171；（为 A 的第 2 行与 B 的第 1 列各数乘积之和）

第 2 行第 2 个数是：2×13+5×14+8×15=26+70+120=216；（为 A 的第 2 行与 B 的第 2 列各数乘积之和）

第 2 行第 3 个数是：2×16+5×17+8×18=32+85+144=261；（为 A 的第 2 行与 B 的第 3 列各数乘积之和）

第 3 行第 1 个数是：3×10+6×11+9×12=30+66+108=204；（为 A 的第 3 行与 B 的第 1 列各数乘积之和）

第 3 行第 2 个数是：3×13+6×14+9×15=39+84+135=258；（为 A 的第 3 行与 B 的第 2 列各数乘积之和）

第 3 行第 3 个数是：3×16+6×17+9×18=48+102+162=312。（为 A 的第 3 行与 B 的第 3 列各数乘积之和）

由此可见，在行列数一致时，两个矩阵同样能够完成四则运算。进行两矩阵相乘应用 %*% 符号，此时要求矩阵的行数和列数必须相同，即只能是 2×2、3×3、4×4 之类的矩阵，否则会出错。

6.4　矩阵行和列的运算函数

矩阵行（Row）和列（Column）的运算函数有 rowSums()、colSums()、rowMeans()、colMeans() 4 个，前两个分别计算行和列中元素值的总和，后两个分别计算行和列中元素值的平均值。

【实例 6-11】计算矩阵的行中元素值的总和及平均值示例。

代码及运行结果如图 6-16 所示。

```
> v1<-c(7,8,6,11,9,12)
> v2<-c(12,8,9,15,7,12)
> a<-rbind(v1,v2)
> a
   [,1] [,2] [,3] [,4] [,5] [,6]
v1    7    8    6   11    9   12
v2   12    8    9   15    7   12
> rowSums(a)
v1 v2
53 63
> rowMeans(a)
       v1        v2
 8.833333 10.500000
```

图 6-16　计算矩阵的行中元素值的总和及平均值

【实例6-12】计算矩阵的列中元素值的总和及平均值示例。

代码及运行结果如图6-17所示。

```
> v1<-c(7,8,12)
> v2<-c(8,9,15)
> b<-cbind(v1,v2)
> b
     v1 v2
[1,]  7  8
[2,]  8  9
[3,] 12 15
> colSums(b)
v1 v2
27 32
> colMeans(b)
      v1       v2
 9.00000 10.66667
```

图6-17　计算矩阵的列中元素值的总和及平均值

自我检测

一、判断题

(　　) 1. 有如下两个命令：

```
>x<-matrix(1:12, nrow=4, byrow=TRUE)
>x
```

上面命令执行后，下列执行结果是正确的。

```
     [,1] [,2] [,3]
[1,]    1    5    9
[2,]    2    6   10
[3,]    3    7   11
[4,]    4    8   12
```

(　　) 2. 有如下两个命令：

```
>x<-matrix(1:12, nrow=3)
>x[-c(2,3)]
```

上面命令执行后，执行结果如下所示。

```
     [,1] [,2] [,3] [,4]
[1,]    1    4    7   10
```

(　　) 3. 有如下命令：

```
>diag(1,3,3)
```

上面命令执行后，执行结果如下所示。

	[,1]	[,2]	[,3]
[1,]	1	0	0
[2,]	0	1	0
[3,]	0	0	1

(　　) 4. 有如下命令：

```
>x<-matrix(1:12,nrow=4)
>is.array(x)
```

上面命令的执行结果如下所示。

[1]TRUE

(　　) 5. 有如下两个命令：

```
>x1<-matrix(1:4, nrow=2)
>x1 %*% x1
```

上面命令执行后，执行结果如下所示。

	[,1]	[,2]
[1,]	3	9
[2,]	6	28

二、单选题

(　　) 1. 已知如下 3 个向量：

```
a<-c(1,2,3)
b<-c(4,5,6)
c<-c(7,8,9)
```

希望生成如下矩阵：

1 2 3

4 5 6

7 8 9

用下面哪一个命令可以得到上述结果？

A. chind(a,b,c)　　B. rhind(ab,c)

C. matrix(a,b,c)　　D. matrix(c(a,b,c),ncol=3)

(　　) 2. 以下命令会得到下列哪个结果？

```
> x<-matric(1:12,nrow=3)
>x[2,3]
```

A. [1] 6　　B. [1] 5　　C. [1] 8　　D. [1] 9

（　　）3. 以下命令会得到下列哪个输出结果？

```
>x<-matrix(10:21,nrow=3)
>x[2,]
```

A. [1] 11 14 17 20　　B. [1] 10 13 16 19

C. [1] 10 11 12　　D. [1] 13 14 15

（　　）4. 执行下列命令后，会得到下面哪一种输出结果？

```
>x<-matrix(1:20,nrow=4)
>x[3:4,4:5]
```

A.
```
     [,1] [,2]
[1,]    9   13
[2,]   10   14
```

B.
```
     [,1] [,2]
[1,]   15   19
[2,]   16   20
```

C.
```
     [,1] [,2]
[1,]    3    7
[2,]    4    8
```

D.
```
     [,1] [,2]
[1,]    6   10
[2,]    7   11
```

（　　）5. 执行下列命令后，会得到下面哪个输出结果？

```
>x<-matrix(1:20,nrow=4)
>x[-c(3:4),-2]
```

A.
```
     [,1] [,2] [,3] [,4]
[1,]    3   11   15   19
[2,]    4   12   16   20
```

B.
```
     [,1] [,2] [,3] [,4]
[1,]    5    9   13   17
[2,]    6   10   14   18
```

C.
```
     [,1] [,2] [,3] [,4]
[1,]    2   10   14   18
[2,]    3   11   15   19
[3,]    4   12   16   20
```

D.
```
     [,1] [,2] [,3] [,4]
[1,]    1    9   13   17
[2,]    2   10   14   18
```

第7章 数组

数组的含意是广义的，实际上向量就是一维数组，矩阵是二维数组，在这里所说的数组是指多维数组。当然，在这里介绍的内容也适用于向量和矩阵。

本章涉及的内容包括：

- 数组的生成。
- 数组的下标。
- apply 函数应用。

7.1 数组的生成

数组可以用 array() 函数生成，使用格式为：

```
array(data=NA, dim=length(data), dimnames=NULL)
```

参数的意义如下。

data：数据向量，默认值为 NA。

dim：整数向量，表示数组各维的长度，默认值为 data 的长度。

dimnames：数组各维的名称，用列表的形式表示，默认值为空。

【实例 7-1】生成一个 4 行 5 列的二维数组示例。

代码及运行结果如图 7-1 所示。

```
> x<-array(1:20,dim=c(4,5))
> x
     [,1] [,2] [,3] [,4] [,5]
[1,]    1    5    9   13   17
[2,]    2    6   10   14   18
[3,]    3    7   11   15   19
[4,]    4    8   12   16   20
```

图 7-1 生成一个 4 行 5 列的二维数组

【实例 7-2】生成一个 24 个元素的三维数组示例。

代码及运行结果如图 7-2 所示。

```
> y<-array(1:24,dim=c(3,4,2))
> y
, , 1

     [,1] [,2] [,3] [,4]
[1,]    1    4    7   10
[2,]    2    5    8   11
[3,]    3    6    9   12

, , 2

     [,1] [,2] [,3] [,4]
[1,]   13   16   19   22
[2,]   14   17   20   23
[3,]   15   18   21   24
```

图 7-2 生成一个 24 个元素的三维数组

【实例 7-3】用 dim() 生成一个 24 个元素的三维数组示例。

代码及运行结果如图 7-3 所示。

```
> Y<-1:24
> dim(Y)<-c(3,4,2)
> Y
, , 1

     [,1] [,2] [,3] [,4]
[1,]    1    4    7   10
[2,]    2    5    8   11
[3,]    3    6    9   12

, , 2

     [,1] [,2] [,3] [,4]
[1,]   13   16   19   22
[2,]   14   17   20   23
[3,]   15   18   21   24
```

图 7-3 用 dim() 生成一个 24 个元素的三维数组

7.2 数组的下标

与向量和矩阵一样，可以通过下标对数组中的某些元素进行访问或运算。

1. 数组下标

要访问数组的某个元素，只要写出数组名和方括号内用逗号分开的下标即可。

【实例 7-4】在一个含有 24 个元素的三维数组 a 中访问 a[2，1，2] 元素示例。代码及运行结果如图 7-4 所示。

```
> a<-1:24
> dim(a)<-c(2,3,4)
> a
, , 1

     [,1] [,2] [,3]
[1,]    1    3    5
[2,]    2    4    6

, , 2

     [,1] [,2] [,3]
[1,]    7    9   11
[2,]    8   10   12


, , 3

     [,1] [,2] [,3]
[1,]   13   15   17
[2,]   14   16   18

, , 4

     [,1] [,2] [,3]
[1,]   19   21   23
[2,]   20   22   24

> a[2,1,2]
[1] 8
```

图 7-4 访问三维数组元素示例之一

元素下标的第 1 位表示行数，第 2 位表示列数，第 3 位表示维（表格）数，所以，a[2，1，2] 的含意是：在 a 数组中的第 2 维（表格）中的第 2 行第 1 列的元素，正好是 8。

还可以在每一个下标位置写一个下标向量，表示这一维取出所有指定下标的元素。例如 a[1，2:3，2:3] 表示取出第二维（表格）的第 1 行，第 2 列和第 3 列的元素，第三维（表格）的第 1 行，第 2 列和第 3 列的元素，并将其放置在相应列中。

【实例 7-5】在一个含有 24 个元素的三维数组 a 中访问 a[1，2:3，2:3] 元素示例。

代码及运行结果如图 7-5 所示。

```
> a[1,2:3,2:3]
     [,1] [,2]
[1,]    9   15
[2,]   11   17
```

图 7-5　访问三维数组元素示例之二

第二维取到第 1 行第 2、3 列元素 9 和 11，放置在第 1 列中，第三维取到第 1 行第 2、3 列元素 15 和 17，放置在第 2 列中。

如果略写某一维的下标，则表示该维第 1 行元素全选。

【实例 7-6】在一个含有 24 个元素的三维数组 a 中访问 a[1，，] 元素示例。

代码及运行结果如图 7-6 所示。

```
> a[1, , ]
     [,1] [,2] [,3] [,4]
[1,]    1    7   13   19
[2,]    3    9   15   21
[3,]    5   11   17   23
```

图 7-6　访问三维数组元素示例之三

用 a[，2，] 可以含有所有维第 2 列的元素。

【实例 7-7】在一个含有 24 个元素的三维数组 a 中访问 a[，2，] 元素示例。

代码及运行结果如图 7-7 所示。

```
> a[ ,2, ]
     [,1] [,2] [,3] [,4]
[1,]    3    9   15   21
[2,]    4   10   16   22
```

图 7-7　访问三维数组元素示例之四

用 a[1，1，] 可以所有维第 1 行第 1 列的元素。

【实例 7-8】在一个含有 24 个元素的三维数组 a 中访问 a[1，1，] 元素示例。

代码及运行结果如图 7-8 所示。

```
> a[1,1, ]
[1]  1  7 13 19
```

图 7-8　访问三维数组元素示例之五

2. 不规则的数组下标

在 R 语言中，可以把数组中任意位置的元素用来访问数组，其方法是用一个二维数组作为数组的下标，二维数组的每一行是一个元素的下标，列数为数组的维数。

例如，要对前面定义的形状为2×3×4的a数组的第[1，1，1]、[2，2，3]、[1，3，4]、[2，1，4] 号共 4 个元素作为一个整体进行访问，可以先定义一个包含这些下标作为行的二维数组。

【实例 7-9】 用 a 数组的第 [1，1，1]、[2，2，3]、[1，3，4]、[2，1，4] 号共 4 个元素对 a 数组整体进行访问示例。

代码及运行结果如图 7-9 所示。

```
> b<-matrix(c(1,1,1,2,2,3,1,3,4,2,1,4),ncol=3,byrow=T)
> b
     [,1] [,2] [,3]
[1,]    1    1    1
[2,]    2    2    3
[3,]    1    3    4
[4,]    2    1    4
> a[b]
[1]  1 16 23 20
```

图 7-9　对 a 数组整体进行访问

所访问的元素是 a 数组第 1 维（表格）第 1 行第 1 列的“1”，第 3 维（表格）第 2 行第 2 列的“16”，第 4 维（表格）第 1 行第 3 列的“23”，第 4 维（表格）第 2 行第 1 列的“20”。

【实例 7-10】 用 dim 创建一个由 24 个元素组成的三维数组，筛选出第 2 维前两行前三列的元素后，要求仍保留三维数组的形式。

（1）用 dim 创建由 24 个元素组成的三维数组

程序代码及运行结果如图 7-10 所示。

```
> x<-array(1:24,dim=c(3,4,2))
> x
, , 1

     [,1] [,2] [,3] [,4]
[1,]    1    4    7   10
[2,]    2    5    8   11
[3,]    3    6    9   12

, , 2

     [,1] [,2] [,3] [,4]
[1,]   13   16   19   22
[2,]   14   17   20   23
[3,]   15   18   21   24
```

图 7–10　创建由 24 个元素组成的三维数组

（2）筛选出第 2 维前两行前三列的元素

程序代码及运行结果如图 7-11 所示。

```
> x[-3,1:3,2]
     [,1] [,2] [,3]
[1,]   13   16   19
[2,]   14   17   20
```

图 7-11　筛选出第 2 维前两行前三列的元素

（3）保留三维数组的形式

程序代码及运行结果如图 7-12 所示。

```
> x[-3,1:3,2,drop=FALSE]
, , 1

     [,1] [,2] [,3]
[1,]   13   16   19
[2,]   14   17   20
```

图 7-12　保留三维数组的形式

第 2 步程序运行结果变成矩阵，加上参数“drop=FALSE”后，保留了三维数组形式。

7.3　apply 函数

对于向量可以用 sum、mean 去计算总和及平均值，对于矩阵和数组也同样可以做这类运算，但其结果相当于运算对象是矩阵和数组全部数据。

【实例 7-11】对矩阵元素进行 sum 运算示例。

代码及运行结果如图 7-13 所示。

```
> A<-matrix(1:6,nrow=2)
> A
     [,1] [,2] [,3]
[1,]    1    3    5
[2,]    2    4    6
> sum(A)
[1] 21
> sum(A[1, ])
[1] 9
> sum(A[2, ])
[1] 12
```

图 7-13　对矩阵元素进行 sum 运算

以上运行结果是分别对 A 矩阵的整体和第 1 行、第 2 行进行了 sum 运算。但是，这样做很不方便，尤其是当维数较大时更是如此。为了解决这个问题，R 语言提供了 apply() 函数来完成这项工作。

apply() 函数的使用格式为：

```
apply(X, MARGIN, FUN,…)
```

参数的意义如下。

X：数组或矩阵名。

MARGIN：指定数组或矩阵的维，例如用 1 表示行，用 2 表示列，用 c（1，2）表示行和列。当数组或矩阵的维已指定名称时，也可以选择维的名称表示行和列。

FUN：是用来计算的函数。

【实例 7-12】用 apply() 函数对矩阵元素进行 sum、mean 运算示例。

代码及运行结果如图 7-14 所示。

```
> apply(A,1,sum)
[1]  9 12
> apply(A,2,mean)
[1] 1.5 3.5 5.5
```

图 7-14　对矩阵元素行进行 sum 运算、列进行 mean 运算

分别对 A 矩阵的行进行了求总和运算，对 A 矩阵的列进行了求平均值运算。

自我检测

一、判断题

（　）1. 如下命令可以生成一个 3 行 4 列的二维数组。

```
>x<-array(1:12,c(3,4))
```

（　）2. 如下命令可以生成一个二维数组。

```
>x<-array(1:24,dim=c(3,4,2))
```

（　）3. 向量和矩阵都可以看成是数组，向量可以看成是一维数组，矩阵可以看成是二维数组。

（　）4. 可使用下列命令，建立一个元素为 1 ∶ 24 的三维数组，行数是 3，列数是 4，表格数是 2。

```
>x<-array(1:24,dim=c(3,4,2))
```

（　）5. 用下列命令，可以筛选出由 36 个元素构成的三维数组 x 的第二维第二行前两列的数据。

```
>x<-array(1:36,dim=c(4,3,3))
>x(-2,1:2,2)
```

二、单选题

（　）1. 有以下命令：

```
>x<-c("Yes", "No", "Yes", "No", "Yes")
```

用下面哪一个命令可以得到下列结果？

```
Yes No
3   2
```

A. rev(x)　　B. factor(x)　　C. table(x)　　D. ordered(x)

（　）2. 执行以下命令会得到哪个输出结果？

```
> x<-array(1:24,dim=c(3,4,2))
>x[1,2,2]
```

A. [1] 13　　B. [1] 14　　C. [1] 15　　D. [1] 16

（　）3. 执行以下命令能得出下列哪个执行结论？

```
> x<-array(1:24,dim=c(3,4,2))
```

A. [1] x 是一个二维数组　　B. [1] x 是一个三维数组

C. [1] x 是两个二维数组　　D. [1] x 是一个有三个表格的数组

（　）4. 执行下列命令后，会得到下面哪个输出结果？

```
>a<-1:24
>dim(a)<-c(2,3,4)
>a[1,1, ]
```

A. [1] 1 3 5 7　　B. [1] 3 9 15 21　　C. [1] 5 11 17 23　　D. [1] 1 7 13 19

（　）5. 执行下列命令后，从上面数组会得到下面哪个输出结果？

```
>a[1,2:3,2:3]
```

A.
```
     [,1] [,2]
[1,]    9   15
[2,]   11   17
```

B.
```
     [,1] [,2]
[1,]    9   11
[2,]   15   17
```

C.
```
     [,1] [,2]
[1,]    7    9
[2,]   13   15
```

D.
```
     [,1] [,2]
[1,]    7   13
[2,]    9   15
```

第8章
数据框

向量（vector）、矩阵（matrix）或三维数组（array）其元素都是相同类型的数据，但在实际中常常需要处理不同类型的资料，例如学号、学生姓名、性别、年龄、身高、体重、各科成绩等，学号和年龄、身高、体重是数值，姓名和性别是字符串，各科成绩是向量，这些数据是无法放入同一个矩阵当中的。R 语言提供了数据框（data frame）这样一种新的数据结构，可以很方便地解决这类问题。

本章涉及的内容包括：

- 数据框的建立。
- 数据框的结构。
- 数据框的引用。
- 增加数据框的行及列数据。

8.1 数据框的建立

数据框可以用 data.frame() 函数建立，其用法与列表函数 list() 相同。

【实例 8-1】建立一个有关学生基本情况的数据表，内容包括姓名、性别、年龄、身高、体重等。

代码及运行结果如图 8-1 所示。

```
> Name<-c("陈阳","赵杰","李民","马丽","吴君")
> Sex<-c("男","男","男","女","女")
> Age<-c(13,13,12,13,12)
> Height<-c(156,165,157,162,159)
> Weight<-c(56.5,45.5,57.5,42.5,49.5)
> df.info<-data.frame(Name,Sex,Age,Height,Weight)
> df.info
  Name Sex Age Height Weight
1 陈阳  男  13    156   56.5
2 赵杰  男  13    165   45.5
3 李民  男  12    157   57.5
4 马丽  女  13    162   42.5
5 吴君  女  12    159   49.5
```

图 8-1 建立一个有关学生基本情况的数据表

8.2 认识数据框的结构

【实例 8-2】用 str() 函数了解数据框 df.info 的结构。

代码及运行结果如图 8-2 所示。

```
> str(df.info)
'data.frame':	5 obs. of  5 variables:
 $ Name  : Factor w/ 5 levels "陈阳","李民",..: 1 5 2 3 4
 $ Sex   : Factor w/ 2 levels "男","女": 1 1 1 2 2
 $ Age   : num  13 13 12 13 12
 $ Height: num  156 165 157 162 159
 $ Weight: num  56.5 45.5 57.5 42.5 49.5
```

图 8-2 了解数据框 df.info 的结构

由运行结果可以看出，系统将“Name”和“Sex”数据显示为 Factor（因子变量），这是 R 语言的默认情况，如果不想如此，可以在使用 data.frame() 函数建立数据框时增加参数并设置为“stringsAsFactors=FALSE”。

【实例 8-3】将数据框 df.info 更名为 df.Newinfo 重新用 str() 函数了解数据框的结构。

代码及运行结果如图 8-3 所示。

```
> df.Newinfo<-data.frame(Name,Sex,Age,Height,Weight,stringsAsFactors = FALSE)
> str(df.Newinfo)
'data.frame':	5 obs. of  5 variables:
 $ Name  : chr  "陈阳" "赵杰" "李民" "马丽" ...
 $ Sex   : chr  "男" "男" "男" "女" ...
 $ Age   : num  13 13 12 13 12
 $ Height: num  156 165 157 162 159
 $ Weight: num  56.5 45.5 57.5 42.5 49.5
```

图 8-3 更名后重新了解数据框的结构

由上面运行结果可以看出，“Name”和“Sex”数据仍是字符串（chr）。

8.3 数据框的引用

引用数据框元素的方法与引用矩阵元素的方法相同，可以使用下标或下标向量，也可以使用列名或列名构成的向量。

【实例 8-4】用下标引用有关学生基本情况的数据表中年龄、身高、体重等数据。

代码及运行结果如图 8-4 所示。

```
> df[1:2,3:5]
  Age Height Weight
1  13    156   56.5
2  13    165   45.5
```

图 8-4 用下标引用有关学生基本情况的数据

8.4 增加数据框的行数据

在数据框中要增加行数据可以使用 rbind() 函数。

【实例 8-5】在数据框中增加一位学生的数据。

代码及运行结果如图 8-5 所示。

```
> df.Newinfo<-rbind(df.Newinfo,c("张斌","男",12,166,52.5))
> df.Newinfo
  Name Sex Age Height Weight
1 陈阳  男  13    156   56.5
2 赵杰  男  13    165   45.5
3 李民  男  12    157   57.5
4 马丽  女  13    162   42.5
5 吴君  女  12    159   49.5
6 张斌  男  12    166   52.5
```

图 8-5 在数据框中增加一位学生的数据

8.5 增加数据框的列数据

在数据框中要增加列数据可以使用 cbind() 函数。最简单的方法是为欲增加的列数建立数据框，最后再使用 cbind() 函数将两数据框合并。

【实例 8-6】在原 df.info 数据框中增加一个成绩（score）字段及数据。

代码及运行结果如图 8-6 所示。

```
> Score<-c(88,91,75,80,95)
> df.addinfo<-data.frame(Score)
> df.Finalinfo<-cbind(df.info,df.addinfo)
> df.Finalinfo
  Name Sex Age Height Weight Score
1 陈阳  男  13   156   56.5    88
2 赵杰  男  13   165   45.5    91
3 李民  男  12   157   57.5    75
4 马丽  女  13   162   42.5    80
5 吴君  女  12   159   49.5    95
```

图 8-6　在原数据框中增加一个成绩字段及数据

自我检测

一、判断题

（　　）1. 数据框是由一系列的列向量组成的，从这个意义上看，数据框可以视为矩阵的扩充。

（　　）2. 数据框与矩阵的唯一差别是数据框中每一列的长度可以不相等，而矩阵的每一列长度一定要相等。

（　　）3. colnames() 是唯一一个可以查询和取得数据框的函数。

（　　）4. 假设 x.df 是一个数据框，以下两个命令的执行结果是相同的。

```
>names(x.df)
```

或者

```
>colnames(x.df)
```

（　　）5. 有如下命令：

```
>x.name<-c("John", "Mary")
>x.sex<-c("M", "F")
>x.weight<-c(70,50)
>x.df<-data.frame(x.name,x.sex,x.weight,stringAsFactors=FALSE)
>x.df[2,1]
```

执行后可以得到以下结果：

[1] “Mary”

二、单选题

（　　）1. 以下哪一种类型的数据结构可以允许有不同的数据型态？

A. 向量　　B. 矩阵　　C. 数组　　D. 数据框

（　　）2. 以下命令会得到哪种执行结果？

```
>x.name<-c("John", "Mary")
>x.sex<-c("M", "F")
```

```
>x.weight<-c(70,50)
>x.df<-data.frame(x.name,x.sex,x.weight,stringAsFactors=FALSE)
>names(x.df) <-c("name", "sex", "weight")
>x.df
```

A. name sex weight
   1 John M 70
   2 Mary F 50

B. x.name x.sex x.weight
   1 John M 70
   2 Mary F 50

C. [1] John
   Levels： John Mary

D. [1] Mary
   Levels： John Mary

(　　) 3. 以下命令会得到哪种执行结果？

```
>x.name<-c("John", "Mary")
>x.sex<-c("M", "F")
>x.weight<-c(70,50)
>x.df<-data.frame(x.name,x.sex,x.weight,stringAsFactors=FALSE)
>x.df[1,1]
```

A. [1] “Mary”

B. [1] “John”

C. [1] Mary
   Levels： John Mary

D. [1] John
   Levels： John Mary

(　　) 4. 下列命令执行后，可以得到多少行数据？

```
>x.name<-c("John", "Mary")
>x.sex<-c("M", "F")
>x.weight<-c(70,50)
>x.df<-data.frame(x.name,x.sex,x.weight,stringAsFactors=FALSE)
>y.df<-rbind(x.df,c("Frank", "M", 66))
```

A. 1　　B. 2　　C. 3　　D. 4

(　　) 5. 执行下列命令后，可以得到多少列数据？

```
>x.name<-c("John", "Mary")
>x.sex<-c("M", "F")
>x.weight<-c(70,50)
>x.df<-data.frame(x.name,x.sex,x.weight,stringAsFactors=FALSE)
>age<-c(23,20)
>y.df<-data.frame(oge)
>new.df<-cbind(x.df,y.df)
```

A. 1　　B. 2　　C. 3　　D. 4

第9章 列表

列表（list）是一种具有很大弹性的特殊对象的集合，虽然它的元素也是由序号（下标）区分，但是各个元素的类型可以是任意对象，例如，向量、矩阵、因子、数据框等。不同元素不必是同一数据类型，例如，字符、字符串或者数值。元素本身可以是其他复杂的数据类型，甚至列表的一个元素也可以是列表。

本章涉及的内容包括：

- 列表的构建。
- 列表的引用。
- 列表的修改。
- 处理列表的函数。

9.1 列表的构建

建立列表所需的函数是 list()。可以把列表想象成一个很大的袋子，这个袋子里面装满了各式各样的对象。下面通过一个例子简单介绍列表的构建。

【实例 9-1】构建一个家庭简单情况的不含元素名称的列表，内容包括户主的名字、妻子的名字、孩子的数目、孩子的年龄。

代码及运行结果如图 9-1 所示。

```
> Lst<-list("Fred","Mary",3,c(1,4,7))
> Lst
[[1]]
[1] "Fred"

[[2]]
[1] "Mary"

[[3]]
[1] 3

[[4]]
[1] 1 4 7
```

图 9-1　构建一个不含元素名称的列表

由上面运行结果可知，列表已经构建成功。此列表的名称是"Lst"，这个列表内有 4 个对象，"[[ ]]"内的编号是列表内对象元素的编号。由以上运行结果可以看出，对象 1 的内容是"Fred"，对象 2 的内容是"Mary"，对象 3 的内容是数字 3，对象 4 的内容是向量 c（1，4，7）。

由于没有元素名称，对象内容的意思不够明确。下面仍用上例，但加上元素名称。

【实例 9-2】构建一个家庭简单情况含元素名称的列表，内容包括户主的名字、妻子的名字、孩子的数目、孩子的年龄。

代码及运行结果如图 9-2 所示。

```
> Lst<-list(name="Fred",wife="Mary",children=3,child.ages=c(1,4,7))
> Lst
$`name`
[1] "Fred"

$wife
[1] "Mary"

$children
[1] 3

$child.ages
[1] 1 4 7
```

图 9-2　构建一个含元素名称的列表

由列表的数据可以看到，既有字符型数据，也有数值型数据，还有向量型数据。列表的元素都可以用"列表名 [[下标]]"的格式进行引用。但与向量所不同的是，每次只能引用一个元素，Lst[[1：2]] 的用法是不允许的。

9.2 列表的引用

1. 用“[[ ]]”符号取得对象元素的内容

【实例 9-3】引用列表对象元素内容示例。

代码及运行结果如图 9-3 所示。

```
> Lst[[1]]
[1] "Fred"
> Lst[[4]][2]
[1] 4
```

图 9-3　引用列表对象元素内容示例之一

2. 用“[ ]”符号取得对象元素的内容

如果是对元素整体引用，也可以采用“列表名 [下标]”的用法，与两重方括号所不同的是，虽然用一重方括号和用两重方括号取出的都是该列表元素的内容，但用一重方括号取出的元素保留了列表的子列表形式。

【实例 9-4】用一重方括号形式引用某一列表元素示例。

代码及运行结果如图 9-4 所示。

```
> Lst[1]
$`name`
[1] "Fred"

> Lst[4]
$`child.ages`
[1] 1 4 7
```

图 9-4　引用列表对象元素内容示例之二

【实例 9-5】用一重方括号形式引用部分列表元素示例。

代码及运行结果如图 9-5 所示。

```
> Lst[1:2]
$`name`
[1] "Fred"

$wife
[1] "Mary"

> Lst[3:4]
$`children`
[1] 3

$child.ages
[1] 1 4 7
```

图 9-5　引用部分列表元素示例

3. 用元素的名字取得对象元素的内容

如果在定义列表时指定了元素的名字，则引用它的元素时还可以用元素的名字作为下标。

【实例 9-6】用元素名字作下标引用列表元素示例。

代码及运行结果如图 9-6 所示。

```
> Lst[["name"]]
[1] "Fred"
> Lst[["child.ages"]]
[1] 1 4 7
```

图 9-6 用元素名字作下标引用列表元素

注意：在这里元素的名字要用引号引起来，如 [["name"]]。

4. 用“$”符号取得对象元素的内容

可以用“列表名 $ 元素名”引用列表元素。

【实例 9-7】用“列表名 $ 元素名”引用列表元素内容示例。

代码及运行结果如图 9-7 所示。

```
> Lst$name
[1] "Fred"
> Lst$child.ages
[1] 1 4 7
```

图 9-7 用“$”符号取得对象元素的内容

9.3 列表的修改

列表的元素可以通过把元素赋新值给予修改，也可以增加新的元素。

【实例 9-8】在列表中修改孩子的年龄并增加一项家庭收入（income）操作示例。

代码及运行结果如图 9-8 所示。

```
> Lst$child.ages<-c(2,5,8)
> Lst[["child.ages"]]
[1] 2 5 8
> Lst$income<-c(6800,5600)
> Lst[["income"]]
[1] 6800 5600
> Lst
$`name`
[1] "Fred"

$wife
[1] "Mary"

$children
[1] 3

$child.ages
[1] 2 5 8

$income
[1] 6800 5600
```

图 9-8 修改孩子的年龄并增加一项家庭收入

如果要删除列表的某一项，将该项赋予空值（NULL）即可。

9.4　处理列表的函数

1. 用 names() 函数获得以及修改列表对象元素的名称

【实例 9-9】在列表中获得对象元素名称示例。

代码及运行结果如图 9-9 所示。

```
> names(Lst)
[1] "name"       "wife"       "children"   "child.ages" "income"
```

图 9-9　在列表中获得对象元素名称

【实例 9-10】在列表中修改对象元素名称示例。

代码及运行结果如图 9-10 所示。

```
> names(Lst)[1]<-"tname"
> Lst
$`tname`
[1] "Fred"

$wife
[1] "Mary"

$children
[1] 3

$child.ages
[1] 2 5 8

$income
[1] 6800 5600
```

图 9–10　在列表中修改对象元素名称

【实例 9-11】在列表中取消对象元素名称和内容示例。

代码及运行结果如图 9-11 所示。

```
> Lst[names(Lst)!="children"]
$`tname`
[1] "Fred"

$wife
[1] "Mary"

$child.ages
[1] 2 5 8

$income
[1] 6800 5600
```

图 9–11　在列表中取消对象元素名称和内容示例之一

由运行结果可以看到列表中的“children”被取消了。

【实例 9-12】在列表中用负索引取消对象元素名称和相关内容示例。
代码及运行结果如图 9-12 所示。

```
> Lst[-3]
$`tname`
[1] "Fred"

$wife
[1] "Mary"

$child.ages
[1] 2 5 8

$income
[1] 6800 5600
```

图 9–12　在列表中取消对象元素名称和内容示例之二

由运行结果可以看到列表中的“children”也被取消了。

【实例 9-13】在列表中用“[[ ]]”取消对象元素名称和相关内容示例。
代码及运行结果如图 9-13 所示。

```
> Lst[[3]]<-NULL
> Lst
$`tname`
[1] "Fred"

$wife
[1] "Mary"

$child.ages
[1] 2 5 8

$income
[1] 6800 5600
```

图 9–13　在列表中取消对象元素名称和内容示例之三

由运行结果可以看到列表中的“children”同样也被取消了。

2. 用 str() 函数获得列表的结构和内容

【实例 9-14】获得列表的结构和内容示例。
代码及运行结果如图 9-14 所示。

```
> str(Lst)
List of 4
 $ tname     : chr "Fred"
 $ wife      : chr "Mary"
 $ child.ages: num [1:3] 2 5 8
 $ income    : num [1:2] 6800 5600
```

图 9–14　获得列表的结构和内容

由运行结果可以看到列表中的“children”的确被取消了。

第 1 行，表示这是一个列表，该列表只有 4 个元素。

第 2 行，由“$”开头，表示这是第 1 个元素，其名称是“tname”，元素的格式是字符串“chr”，内容是“Fred”。

第 3 行，由“$”开头，表示这是第 2 个元素，其名称是“wife”，元素的格式是字符串“chr”，内容是“Mary”。

第 4 行，由“$”开头，表示这是第 3 个元素，其名称是“child.ages”，元素的格式是数值型“num”，内容是“2 5 8”，这是一个有 3 个元素的向量。

第 5 行，由“$” 开头，表示这是第 4 个元素，其名称是“income”，元素的格式是数值型“num”，内容是“6800 5600 ”，这是一个有 2 个元素的向量。

3. 用 length() 函数获得列表对象元素的个数

【实例 9-15】在列表中获得对象元素个数示例。

代码及运行结果如图 9-15 所示。

```
> length(Lst)
[1] 4
```

图 9–15　获得对象元素个数

4. 用 c() 函数合并列表

【实例 9-16】合并列表示例。

代码及运行结果如图 9-16 所示。

```
> Lst1<-list(Heights=c(130,145,157),Weights=c(23,28,35))
> Lst1
$`Heights`
[1] 130 145 157

$Weights
[1] 23 28 35

> ZLst<-c(Lst,Lst1)
> ZLst
$`tname`
[1] "Fred"

$wife
[1] "Mary"

$child.ages
[1] 2 5 8

$income
[1] 6800 5600

$Heights
[1] 130 145 157

$Weights
[1] 23 28 35
```

图 9-16　用 c() 函数合并列表

由运行结果可以看到两个列表已经合并在一起。

自我检测

一、判断题

(　　) 1. 列表与数据框的差别之一是列表中每一个元素的长度可以不相等，而数据框中每一列向量的长度必须相等。

(　　) 2. 有如下系列命令：

```
>A=c('A', 'B', 'A', 'A', 'B')
>B=c('Winter', 'Summer', 'Summer', 'Spring', 'Fall')
>x.list<-list(A.B)
>length(x.list)
```

上面命令的执行结果如下所示。

[1]10

(　　) 3. 有如下两个命令：

```
>x.list
$name
[1] "x.name"
$gender
[1] "x.sex"
>x.list$gender<-NULL
```

上面命令执行后，列表 x.list 只剩下一个元素。

(　　) 4. 使用“[ ]”也可以取得列表元素的内容，所返回的数据类型仍是列表。

(　　) 5. 有如下两个命令：

```
>x.list<-list(name= "x.name",gender= "x.sex")
>x.list["name"]
```

上面命令执行后会发生错误。

二、单选题

(　　) 1. 下面哪一类型的数据结构使用时的弹性最大？

A. 向量　　B. 矩阵　　C. 数据框　　D. 列表

(　　) 2. 有如下系列命令：

```
>id<-c(34453,72456,87659)
>name<-c("Frad", "Mary")
>lst1<-list(stud.id=id,stud.name=name)
```

若要利用列表“lst1”得到字符串向量“name”中的数据“Frad”，可选用以下哪一个命令？

A. lst1[[2]][1]

B. lst1 $name[1]

C. lst1[“stud.name”][1]

D. lst1[[stud.name]][1]

(　　) 3. 有一个列表，其内容如下所示。

```
>x.list
$City
[1] "NY"
$Season
[1] "2020"
$Number
[1] 34453 72456 87659
```

下面哪一个命令无法取得 x.list 列表 Number 的第 2 个数据的内容？

A. >x.list[[3]][2]

B. >x.list$Number[2]

C. >x.list[“Number”][2]

D. >x.list[[“Number”]][2]

(　　) 4. 有一个列表，其内容如下所示。

```
>x.list
$City
[1] "NY"
$Season
[1] "2020"
$Number
[1] 34453 72456 87659
```

下面哪一个命令可以得到如下运行结果？

```
$Season
[1] "2020"
$Number
[1] 34453 72456 87659
```

A. >x.list[[-1]

B. >x.list[-1]

C. >x.list[[c（2，3）]]

D. >c（x.list[[2]]，x.list[[3]]）

（　　）5. 有一个列表，其内容如下所示。

```
>x.list
$City
[1] "NY"
$Season
[1] "2020"
$Number
[1] 34453 72456 87659
```

下面哪一个命令无法为列表增加第 4 个元素？

A. > x.list[[“Country”]] <- “ABC”

B. > x.list[“Country”]<- “ABC”

C. > x.list “Country” <- “ABC”

D. > x.list[4]<- “ABC”

第10章 字符串

在R语言中单引号或双引号对中写入的任何值都被视为字符串。R语言存储的每个字符串都在双引号中，即使是使用单引号创建的依旧如此。

本章涉及的内容包括：

- 字符串的属性。
- 字符串的处理。
- 字符串的搜索。

10.1 字符串的属性

字符串也是R语言重要的向量对象数据，处理字符串向量对象与处理整数对象类似，可以用 c() 函数建立字符串向量，应特别留意的是，在 R 语言中，字符串可以用双引号（“”）也可以用单引号（‘’）引起来。

【实例 10-1】建立一个字符串向量对象，并验证结果。

代码及运行结果如图 10-1 所示。

```
> x<-c("Hello R World")
> x
[1] "Hello R World"
> x.New<-c('Hello R World')
> x.New
[1] "Hello R World"
```

图 10-1　建立字符串向量对象示例之一

【实例 10-2】用另外两种方法建立字符串示例。

代码及运行结果如图 10-2 所示。

```
> x1<-c("H","e","l","l","o")
> x1
[1] "H" "e" "l" "l" "o"
> x2<-c("Hello","R","World")
> x2
[1] "Hello" "R"     "World"
```

图 10-2　建立字符串向量对象示例之二

【实例 10-3】计算上面建立的字符串向量对象的长度。

代码及运行结果如图 10-3 所示。

```
> length(x)
[1] 1
> length(x1)
[1] 5
> length(x2)
[1] 3
```

图 10-3　计算字符串向量对象的长度

nchar(x) 可用于计算出字符串向量对象每一个元素的字符数。

【实例 10-4】计算上面建立的字符串向量对象每一个元素的字符数。

代码及运行结果如图 10-4 所示。

```
> nchar(x)
[1] 13
> nchar(x1)
[1] 1 1 1 1 1
> nchar(x2)
[1] 5 1 5
```

图 10-4　计算字符串向量对象元素的字符数

用引号引起来的部分算一个元素，“Hello R World”的向量对象的长度为1，字符数为13（包含空格在内）；“H”“e”“l”“l”“o”的向量对象的长度为5，每一个元素的字符数为1；“Hello”“R”“World”的向量对象的长度为3，每一个元素的字符数分别为5、1、5。

10.2 字符串的处理

在R语言中，字符串的处理十分重要。

1. 语句的分割

在使用R语言时，常常需要将一个语句拆成单词，此时可以使用 strsplit() 函数。

【实例 10-5】建立一个字符串语句“Hello The beautiful Beijing”，建好后以空格为界，将此段语句分割成单词。

代码及运行结果如图 10-5 所示。

```
> x<-c("Hello The beautiful Beijing")
> strsplit(x," ")
[[1]]
[1] "Hello"     "The"       "beautiful" "Beijing"
```

图 10-5　建立一个字符串语句并分割成单词

2. 修改字符串的大小写

将字符串由小写改成大写的函数是 toupper()。
将字符串由大写改成小写的函数是 tolower()。

【实例 10-6】将上面字符串语句中的字母全部分别改成大写和小写。
代码及运行结果如图 10-6 所示。

```
> x<-c("Hello The beautiful Beijing")
> toupper(x)
[1] "HELLO THE BEAUTIFUL BEIJING"
> tolower(x)
[1] "hello the beautiful beijing"
```

图 10–6　将字符串语句中的字母分别改成大写和小写

3. 字符串的连接

将字符串或单词连接成语句可以使用 paste() 函数。

【实例 10-7】将以下字符串连接成完整的语句。
代码及运行结果如图 10-7 所示。

```
> x<-c("Hello","The","beautiful","Beijing")
> paste(x)
[1] "Hello"     "The"       "beautiful" "Beijing"
> paste(x,collapse= " ")
[1] "Hello The beautiful Beijing"
```

图 10-7　将字符串连接成完整的语句

第 1 次用 paste(x) 运行时，输出仍带双引号，第 2 次增加去双引号参数 collapse 后，运行得到正确结果。

4. 字符串的排序

在处理数据的过程中，数据排序是一个经常使用的功能。在 R 语言中，排序是一件轻而易举的事，用 sort() 函数就可以将一个数值向量的元素值进行排序，同样，用 sort() 函数也可以将一个字符串向量的元素值进行排序。

【实例 10-8】分别按降序和升序排列联合国 5 个常任理事国的国家名字。

5 个国家的名字是 5 个字符串，在 R 语言中，字符串的排序只要用系统内置函数 sort() 就可以简易实现。

首先用字符向量组赋予字符串变量 x，然后用 sort(x) 完成排序任务。排序函数的第 2 个参数 decreasing 默认为 FALSE，当其省略时，实现由小到大的升序排列；当将参数 decreasing 设置为 TRUE 时，则可实现由大到小的降序排列。

代码及运行结果如图 10-8 所示。

```
> x<-c("China","America","France","Russia","Britain")
> sort(x)
[1] "America" "Britain" "China"   "France"  "Russia"
> sort(x,decreasing = TRUE)
[1] "Russia"  "France"  "China"   "Britain" "America"
```

图 10-8　字符串的排序

10.3　字符串的搜索

1. 使用 grep() 函数搜索

grep() 是一个搜索功能十分强大的函数，使用这个函数的基本格式如下：

grep（pattern，x）

其中：pattern 代表搜索的目标内容。

　　x 是字符串向量。

【实例 10-9】在一系列字符串中搜索带“S”字母的字符串示例之一。

代码及运行结果如图 10-9 所示。

```
> st=c("Winter","Summer","Spring","Fall","Windows","Student")
> grep("S",st)
[1] 2 3 6
```

图 10-9　字符串的搜索示例之一

【实例 10-10】在一系列字符串中搜索带"S"字母的字符串示例之二。

代码及运行结果如图 10-10 所示。

```
> st[grep("S",st)]
[1] "Summer"  "Spring"  "Student"
```

图 10-10　字符串的搜索示例之二

2. 搜索分类字符串

搜索具有可选择性，可以使用"()"符号加上"|"符号进行。"|"的含意是"或"，该符号位于"\"键的上方。

【实例 10-11】在一系列字符串中分类搜索带"6"或者"7"以及带".xls"的字符串。

代码及运行结果如图 10-11 所示。

```
> st<-c("ch6.xls","ch7.xls","ch7.c","ch7.doc","ch8.xls")
> st[grep("ch(6|7).xls",st)]
[1] "ch6.xls" "ch7.xls"
```

图 10-11　分类搜索带"6"或者"7"以及带".xls"的字符串

3. 搜索部分字符可重复的字符串

在搜索时可以添加"*"号或者"+"号，搜索部分字符重复的字符串。添加"*"代表搜索部分字符重复出现 0 次或者多次的字符串，添加"+"代表搜索部分字符重复出现 1 次或者多次的字符串。

【实例 10-12】在一系列字符串中搜索带"ch"和带 0 个到多个重复出现"7"或者"8"以及带".doc"的字符串。

代码及运行结果如图 10-12 所示。

```
> st<-c("ch.doc","ch7.doc","ch77.doc","ch78.doc","ch88.doc")
> st[grep("ch(7*|8*).doc",st)]
[1] "ch.doc"    "ch7.doc"   "ch77.doc" "ch88.doc"
```

图 10-12　搜索带"ch"和带 0 个到多个重复出现"7"或者"8"以及带".doc"的字符串

【实例 10-13】在一系列字符串中搜索带"ch"和带 1 个到多个重复出现"7"或者"8"以及带".doc"的字符串。

代码及运行结果如图 10-13 所示。

```
> st[grep("ch(7+|8+).doc",st)]
[1] "ch7.doc"  "ch77.doc" "ch88.doc"
```

图 10-13　搜索带"ch"和带 1 个到多个重复出现"7"或者"8"以及带".doc"的字符串

自我检测

一、判断题

（　）1. 有如下两个命令：

```
>x<-c("Good Night")
>strsplit(x, "")
```

上面命令执行后的结果如下所示。

[[1]]

[1] “Good” “Night”

（　）2. 有如下两个命令：

```
>x<-c("Hello R")
>toupper(x)
```

上面命令执行后可得到如下结果。

[1] “HELLO R”

（　）3. 有如下系列命令：

```
>x1<-letters[1:3]
>x2<-1:3
>paste(x1,x2)
```

上面命令的执行结果如下所示。

[1] “a1” “b2” “c3”

（　）4. 有如下系列命令：

```
>x1<-letters[1:6]
>x2<-1:5
>paste(x1,x2,sep= "")
```

上面命令的执行结果如下所示。

[1] “a1” “b2” “c3” “d4” “e5” “f1”

（　）5. 有如下命令：

```
>sort(c("Aa", "aA"),decreasing=TRUE)
```

上面命令的执行结果如下所示。

[1] “aA” “Aa”

二、单选题

（　）1. 有以下命令：

```
>x<-c("A", "B", "A", "C", "B")
```

下面哪个命令执行后会得到下列输出结果？

[1] “A” “B” “C”

A. >sort(x)　　B. >strsplit(x)

C. >unique(x)　　D. >grep(x)

（　）2. 以下哪个函数具有搜索字符串的功能？

A. grep()　　B. strsplit()　　C. strsearch()　　D. unique()

（　）3. 有字符串，其内容如下所示。

```
>st
[1] "Silicon Stone Education"
```

以下哪个命令执行后能得到下列输出结果？

[1] “Silicon” “Stone” “Education”

A. >strsplit(st, “”)　　B. >strsplit(st, “ ”)

C. >strsplit(st, sep=“”)　　D. >strsplit(st, sep=“ ”)

（　）4. 有如下的 3 个字符串内容：

```
"Silicon" "Stone" "Education"
```

以下哪个命令执行后能得到下列输出结果？

[1] “Silicon Stone Education”

A. >paste(st)　　B. >paste(st, collapse=NULL)

C. >paste(st, sep=“”)　　D. >paste(st, collapse = “ ”)

（　）5. 字符串向量的内容如下所示。

```
> strtxt<－c("ch.txt", "ch3.txt", "ch33.txt", "ch83.txt", "ch88.txt")
```

下面哪个命令执行后会得到如下所示结果？

[1] “ch3.txt” “ch33.txt” “ch88.txt”

A. > strtxt[grep(“ch(3|8).txt”, strtxt)]

B. > strtxt[grep(“ch(3+|8+).txt”, strtxt)]

C. > strtxt[grep(“ch(3*|8*).txt”, strtxt)]

D. > strtxt[grep(“ch(3-|8-).txt”, strtxt)]

第 11 章 日期和时间处理

日期和时间信息与人们的生活相关，例如做气象分析，必须记录每天每个时间点的数据，又如做股市分析，一定要记录每天每个时间点的股价。

本章涉及的内容包括：

- 日期的设置及使用。
- 时间的设置及使用。
- 时间序列。

11.1 日期的设置与使用

R 语言有一系列的日期函数，掌握它将给使用带来极大的便利。

1. as.Date() 函数

日期数据实际上是一个向量，可以用 as.Date() 函数来进行设置。这个函数默认的日期格式为“YYYY-MM-DD”，Y 是 Year，代表年份，M 是 Month，代表月份，D 是 Day，代表日期。

【实例 11-1】将 2020 年 1 月 24 日转化成 as.Date() 函数的日期向量格式。

程序代码及运行结果如图 11-1 和图 11-2 所示。

```
> as.Date("24 1 2020",format="%d %m %Y")
[1] "2020-01-24"
```

图 11-1　转化成日期向量格式示例之一

```
> as.Date("24/1/2020",format="%d/%m/%Y")
[1] "2020-01-24"
```

图 11-2　转化成日期向量格式示例之二

在这里要特别强调参数格式要一致，图 11-1 中第 1 个参数的日期数据用空格间隔，第 2 个参数 format 的双引号内的格式代码也要用空格间隔。图 11-2 中，第 1 个参数的日期数据用“/”间隔，第 2 个参数 format 的双引号内的格式代码也要用“/”间隔。

另外，有关日期中年、月、日的常见格式代码有：

四位数的公元年用 %Y 表示；

两位数的月份用 %m 表示；

两位数的日期用 %d 表示。

在代表第 1 个参数的月和日的前面为 0 时，0 可以省略。

既然日期是用向量表示的，因此与数值向量一样，也可以进行加法或减法运算，分别获得加上几天或者减去几天的结果。

【实例 11-2】列出 2020 年 1 月 24 日及后 40 天的日期向量。

程序代码及运行结果如图 11-3 所示。

```
> x.date<-as.Date("2020-1-24")
> x.date
[1] "2020-01-24"
> x.date+0:40
 [1] "2020-01-24" "2020-01-25" "2020-01-26" "2020-01-27" "2020-01-28"
 [6] "2020-01-29" "2020-01-30" "2020-01-31" "2020-02-01" "2020-02-02"
[11] "2020-02-03" "2020-02-04" "2020-02-05" "2020-02-06" "2020-02-07"
[16] "2020-02-08" "2020-02-09" "2020-02-10" "2020-02-11" "2020-02-12"
[21] "2020-02-13" "2020-02-14" "2020-02-15" "2020-02-16" "2020-02-17"
[26] "2020-02-18" "2020-02-19" "2020-02-20" "2020-02-21" "2020-02-22"
[31] "2020-02-23" "2020-02-24" "2020-02-25" "2020-02-26" "2020-02-27"
[36] "2020-02-28" "2020-02-29" "2020-03-01" "2020-03-02" "2020-03-03"
[41] "2020-03-04"
```

图 11-3　列出 2020 年 1 月 24 日及后 40 天的日期向量

2020 年是闰年，2 月有 29 日，以上运行结果显然正确。

【实例 11-3】列出 2020 年 1 月 24 日前 5 天的日期向量。
程序代码及运行结果如图 11-4 所示。

```
> x.date-0:5
[1] "2020-01-24" "2020-01-23" "2020-01-22" "2020-01-21" "2020-01-20"
[6] "2020-01-19"
```

图 11-4　列出 2020 年 1 月 24 日前 5 天的日期向量

运行情况的准确性毋庸置疑。

2. weekdays() 函数

weekdays() 函数可以返回某个日期是星期几。

【实例 11-4】推算出 2020 年 1 月 24 日是星期几。
程序代码及运行结果如图 11-5 所示。

```
> weekdays(x.date)
[1] "星期五"
```

图 11-5　推算出 2020 年 1 月 24 日是星期几

【实例 11-5】推算出 2020 年 1 月 24 日未来五天是星期几。
程序代码及运行结果如图 11-6 所示。

```
> weekdays(x.date+0:5)
[1] "星期五" "星期六" "星期日" "星期一" "星期二" "星期三"
```

图 11-6　推算出 2020 年 1 月 24 日未来五天是星期几

3. months() 函数

months() 函数可以返回某个日期对象是几月。

【实例 11-6】推算出 2020 年 1 月 24 日是几月。
程序代码及运行结果如图 11-7 所示。

```
> months(x.date)
[1] "一月"
```

图 11-7　推算出 2020 年 1 月 24 日是几月

4. quarters() 函数

quarters() 函数可以返回某个日期对象是第几季度。

【实例 11-7】推算出 2020 年 1 月 24 日属于第几季度。
程序代码及运行结果如图 11-8 所示。

```
> quarters(x.date)
[1] "Q1"
```

图 11-8　推算出 2020 年 1 月 24 日属于第几季度

Q1 代表第 1 季度。

5. Sys.Date() 函数

Sys.Date() 函数可以返回目前系统的日期。

【实例 11-8】获得目前系统的日期。
程序代码及运行结果如图 11-9 所示。

```
> Sys.Date()
[1] "2020-02-05"
```

图 11-9　获得目前系统的日期

11.2　时间的设置与使用

在使用数据时仅有日期是不够的，经常还需要精确的时间。R 语言设置时间的函数主要如下。

1. Sys.time() 函数

Sys.time() 函数可以返回当前的系统时间。

【实例 11-9】返回当前的系统时间。
程序代码及运行结果如图 11-10 所示。

```
> Sys.time()
[1] "2020-02-05 11:38:39 CST"
```

图 11-10　返回当前的系统时间

运行结果最后的“CST”是何意呢？这是代表笔者所在位置所属时区的代码缩写。国际标准时间是格林尼治时间，即 GMT 时间，它所在的时区的代码缩写是 GMT。其实，“CST”时区代表了 4 个时区：分别是 UT-6:00（西六区），UT+9:30（东九区），UT+8:00（东八区），UT-4:00（西四区），代表的国家是美国、澳大利亚、中国、古巴。UT 代表 UTC，UTC 是协调世界时间的缩写，它是比格林尼治时间更精确的国际时间标准。

2. as.POSIXct() 函数

as.POSIXct() 函数主要用于设定时间向量，这个时间向量默认由 1970 年 1 月 1 日开始计数，以秒为单位。

【实例 11-10】建立一个系统时间向量，时间为 1970 年 1 月 1 日 02:00:00。

程序代码及运行结果如图 11-11 所示。

```
> xlt.time<-"1 1 1970,02:00:00"
> xlt.time.fmt<-"%d %m %Y,%H:%M:%S"
> xlt.Time<-as.POSIXct(xlt.time,format=xlt.time.fmt)
> xlt.Time
[1] "1970-01-01 02:00:00 CST"
```

图 11-11　建立一个系统时间向量

与日期格式代码相似，时间格式代码有：

%H：小时数（00 ～ 23）；

%M：分钟数（00 ～ 59）；

%S：秒钟数（00 ～ 59）；

%p：AM/PM。

由于 as.POSIXct() 函数返回的是秒数，所以可以用加减秒数来更新时间向量对象。

【实例 11-11】为时间 1970 年 1 月 1 日 02:00:00 增加 330s，更新时间向量对象。

程序代码及运行结果如图 11-12 所示。

```
> x.Times+330
[1] "1970-01-01 02:05:30 CST"
```

图 11-12　更新时间向量对象

所有时间都要从 1970 年 1 月 1 日算起很不方便，可以使用 as.POSIXct() 函数的参数来让函数在使用时更灵活一点。如下所示：

```
as.POSIXct(x, tz=" ", origin=)
```

参数的意义如下。

x：可以转换的时间向量对象。

tz：代表时区。

origin：可指定时间的起算点。

【实例 11-12】从 2016 年 1 月 1 日起算，时区是格林尼治时区 GMT，获得经过 3600s 的时间。

程序代码及运行结果如图 11-13 所示。

```
> as.POSIXct(3600,tz="GMT",origin="2016-01-01")
[1] "2016-01-01 01:00:00 GMT"
```

图 11-13　获得经过 3600s 的时间

时间也是可以比较的，用逻辑向量表示比较结果。

【实例 11-13】将 1970 年 1 月 1 日 02:00:00 时间对象和 Sys.time() 函数所返回的时间做比较。

程序代码及运行结果如图 11-14 所示。

```
> x.Times>Sys.time()
[1] FALSE
> x.Times<Sys.time()
[1] TRUE
```

图 11-14　将返回的时间做比较

3. as.POSIXlt() 函数

as.POSIXlt() 函数也可以用于设定日期和时间，设定的方式和 as.POSIXct() 函数相同，所不同的是，as.POSIXct() 函数所产生的对象是向量对象，而 as.POSIXlt() 函数则是产生列表（list）对象。所以如果要取得此串行对象的元素，其方法和取向量对象元素的方法有所不同。

完成任务的代码及运行结果如图 11-15 所示。

```
> xlt.time<-"1 1 1970,02:00:00"
> xlt.time.fmt<-"%d %m %Y,%H:%M:%S"
> xlt.Time<-as.POSIXlt(xlt.time,format=xlt.time.fmt)
> xlt.Time
[1] "1970-01-01 02:00:00 CST"
```

图 11-15　用 as.POSIXlt() 函数设定日期和时间

为了验证 as.POSIXlt() 函数产生的是列表（list）对象，可以用取列表元素的方法取得元素值，如图 11-16 所示。

```
> xlt.Time$year
[1] 70
```

图 11-16　用取列表元素的方法取得元素值

11.3　时间序列

在 R 语言中与时间有关的变量称为时间序列（ts），将数据设为时间序列的格式如下：

```
ts(x, start, end, frequency)
```

各参数的意义如下。

x：可以是向量（vector）、矩阵（matrix）或三维数组（array）。

start：时间起点，可以是单一数值，也可以是含两个数字的向量。

end：时间终点，它的格式应与 start 相同，通常可以省略。

frequency：相对于 start 时间起点的频率。

【实例 11-14】某学生某学科从 2016 年第 2 季度末开始，4 次季度测试的成绩分别为 89，75，83，91，为这列数据建立一个季度测试的时间序列。

完成任务的代码及运行结果如图 11-17 所示。

```
> cj<-c(89,75,83,91)
> cj.info<-ts(cj,start=c(2016,2),frequency=4)
> cj.info
     Qtr1 Qtr2 Qtr3 Qtr4
2016           89   75   83
2017   91
```

图 11-17　建立一个季度测试的时间序列

从运行结果可以看出，季度测试时间是从 2016 年第 2 季度开始的，每季度测试了一次，总共测试了 4 次，所以第 4 次测试的时间是 2017 年第 1 季度。频度为 4，系统自动判断是 4 个季度的数值。

为了验证 start=c（2015，2）中的 2 是代表第 2 季度而不是代表 2 月，不妨将代码做一点修改，修改后的代码及运行结果如图 11-18 所示。

```
> cj<-c(89,75,83,91)
> cj.info<-ts(cj,start=c(2015,4),frequency=4)
> cj.info
     Qtr1 Qtr2 Qtr3 Qtr4
2015                     89
2016   75   83   91
```

图 11-18　验证 start=c（2015，2）中的 2 是代表第 2 季度

从运行结果可以证实，start=c（2015，4）中的 4 确实是代表第 4 季度而不是代表 4 月，可见时间序列 ts 是十分“聪明”的。

自我检测

一、判断题

（　　）1. 有如下命令：

```
>x.date<-as.Date("2020-01-24")
```

上面命令可返回 x.date 和过去 3 天的星期数据。

```
>weekdays(x.date - 0:3)
```

（　　）2. 有如下两个命令：

```
>x.date<-as.Date("2020-01-24")
>months((x.date))
```

上面命令的执行结果如下所示。

[1] “7 月”

（　　）3. 用 Sys.time() 函数可以取得目前当地的系统时间。

（　　）4. 有如下系列命令：

```
>x.time <-"1 1 1970,02:00:00"
>x.time.fmt <-"%d %m % Y,%H:%M:%S"
```

```
>x.Times <-as.POSIXct(x.time,format=x.time.fmt)
>x.Times > Sys.time
```

以上命令执行以后会返回 FALSE。

（　　）5. 有如下两个命令：

```
>x.Times <-seq(x.Times,by= "1 months,length.out=6")
>x.Times
```

上面命令执行后，输出的结果是：

[1] “1970-01-01 02：00：00 CST” “1970-01-01 02：00：00 CST”
[3] “1970-01-01 02：00：00 CST” “1970-01-01 02：00：00 CST”
[5] “1970-01-01 02：00：00 CST” “1970-01-01 02：00：00 CST”

二、单选题

（　　）1. 下面哪一个函数返回的日期对象是季度？

A. days()　　B. months()
C. weekdays()　　D. quarters()

（　　）2. 下面哪一个函数可以仅返回目前的系统日期？

A. as.Date()　　B. Sys.localeconv()
C. Sys.Date()　　D. Sys.time()

（　　）3. 在使用 as.POSIXct() 和 as.POSIXlt() 函数时，以下哪个格式的代码与小时数有关？

A. %I　　B. %M　　C. %S　　D. %p

（　　）4. 有如下两个命令：

```
>num<-c(240,250,272,263,255,261)
>num.info<-ts(num,start=c(2015,1),frequency=1)
```

以下哪一项的说法是错的？

A. 时间序列对象的第 1 个数据是 2015 年 1 月的
B. 时间序列对象的最后 1 个数据是 2020 年 1 月的
C. 时间序列的频率是 1 年
D. 上面 num 向量有 1 年的数据

（　　）5. 有如下两条命令：

```
> x.date<-as,Date("2020-01-24")
> x.Ndate<-seq(x.date,by= "1 months",length.out=6)
```

执行下面命令可以得到哪一个结果？

```
>x.Ndate[5]
```

A. [1] “2020-06-24”　　B. [1] “2020-05-24”
C. [1] “2020-02-24”　　D. [1] “2020-01-24”

第 12 章

控制流和程序运行

R 语言是一种计算机语言，可以通过编写自己需要的函数进行编程。将操作过程的命令代码写成程序，既便于保存，也便于以后使用。

本章涉及的内容包括：

- 函数的自定义。
- 分支函数。
- 循环函数。
- 流程转移。
- 程序运行。

12.1 函数的自定义

从前面的学习内容可以知道R语言的内置函数十分丰富，功能异常强大。但在实际的应用环境中，内置函数不一定完全适合需要。况且，在R语言中，程序都是由函数的形式出现的，前面介绍的R语言直译器的功能已经不能满足程序设计的需要。因此，学习编写自定义函数十分有必要。

函数的基本格式如下：

```
函数名称 <- function(参数1, 参数2,…)
{
    程序代码
    …
}
```

function：表示函数的关键字，后面的参数表中的参数按需要设定，也可以为空。函数名称是自定义的。

函数是实现某一项功能的代码，一对花括号内的程序代码称为函数体。函数是不能自动执行的，只有通过调用才能起作用。调用函数的语句代码是：

函数名称(参数表)

这里强调调用函数语句代码中的参数表必须与函数定义时的参数表完全匹配，即名称和数量应完全一致。否则，在编译时会报错。

【实例 12-1】创建一个函数来完成计算直角三角形的斜边（hypotenuse）的长度。

```
> hypotenuse<-function(x,y)
+ {
+     sqrt(x^2+y^2)
+ }
> hypotenuse(3,4)
[1] 5
```

首先定义了一个变量 hypotenuse（直角三角形的斜边），将函数 function(x,y) 的值赋予它（在R语言中，“<-”或者“->”都表示赋值，有时也可以用“=”），hypotenuse(3,4) 是调用函数语句，3 传给参数 x，4 传给参数 y，函数被调用后，执行函数体，用内置平方根函数 sqrt(x^2+y^2) 求得值 5，自动将值返回到调用处，最后输出 5。

【实例 12-2】函数参数赋予默认值，调用语句无参正常完成调用工作示例。

```
> hypotenuse<-function(x=5,y=12)
+ {
+     sqrt(x^2+y^2)
+ }
> hypotenuse()
[1] 13
```

如果函数参数位置错误，R 语言能自动识别纠错示例。例如：

```
> hypotenuse<-function(y=8,x=6)
+ {
+     sqrt(x^2+y^2)
+ }
> hypotenuse()
[1] 10
```

对于函数及其调用，有些问题需要进一步介绍一下。接下来通过一个简单的例子进行说明。为简便起见，后面程序中的自定义函数一律使用实例名作为函数名称。

【实例 12-3】某公司有 3 个部门，去年各部门的盈利分别是 850000 元、675000 元和 925000 元，请计算各部门盈利的百分比。

程序代码如下：

```
sl12_3<-function(x,Xfun=round,...)
{
     x.percent<-Xfun(x*100,...)
     paste(x.percent,sep="","%")
}
```

代码运行结果如下：

```
> source('~/sl12_3.R')
> y<-c(850000,675000,925000)
> sl12_3(y,Xfun=function(x) round(x*100/sum(x)))
[1] "35%" "28%" "38%"
```

从上面的例子可以看到：

- 函数也可以作参数，如 sl12_3(y,Xfun=function(x) round(x*100/sum(x)))。
- 当参数比较复杂时，在定义函数时，可以使用省略号 ...，如：sl12_3<-function(x,Xfun=round,...)。
- 如果输入的是数字向量或者字符向量时，可以采用通用函数的形式。

（1）将数值向量转成百分比

上例的程序代码修改如下：

```
percent.numeric<-function(x,Xfun=round,...)
{
x.percent<-Xfun(x,...)
paste(x.percent,sep="","%")
}
```

代码运行结果如下：

```
> source('~/sl12_3.R')
> y<-c(850000,675000,925000)
```

```
> new.x<-round(y*100/sum(y))
> percent.numeric(new.x,round)
[1] "35%" "28%" "38%"
```

（2）将字符向量增加百分比符号

上例的程序代码修改如下：

```
percent.character<-function(x)
{
    paste(x,sep="","%")
}
```

代码运行结果如下：

```
> source('~/sl12_3.R')
> y<-c(850000,675000,925000)
> new.x<-round(y*100/sum(y),2)
> percent.character(new.x)
[1] "34.69%" "27.55%" "37.76%"
```

为了控制程序的进行，必须引入程序控制结构。R 语言与其他高级语言一样，有分支、循环等程序控制结构，通过分支函数和循环函数等来实现。

12.2 分支函数

分支函数有 if-else 和 switch 两类，if-else 用于两分支，switch 用于多分支。

1. if-else

【实例 12-4】输入一个年份值（year），编程判断该年是否为闰年。

闰年的特征是 2 月份有 29 天，如 2004 年、2000 年是闰年，2005 年、2100 年不是闰年。从以上代表的年份可以看出：2004 可以被 4 整除但不能被 100 整除；2000 可以被 400 整除；2005 不能被 4 整除；2100 既可以被 4 整除，又可以被 100 整除，但不能被 400 整除。因此，通过对以上特殊年份的分析，可以得出判断闰年的条件应该是符合下面两者之一。

- 能被 4 整除，但不能被 100 整除；
- 能被 400 整除。

这也就是说，判断 year 年是闰年的条件应该是 year 能被 4 整除与不能被 100 整除要同时满足，或是能被 400 整除也可以。

所以，判断 year 是否是闰年既涉及“与”和“或”的逻辑运算，又涉及“如果”→“则”→“否则”的分支选择。

该任务是一个两分支的问题，在 R 语言中，同其他高级语言一样，“如果”用 if 表示，“否则”用 else 表示。所以，该问题可以用 if-else 函数来解决。

其使用格式为：

```
if(表达式1) 语句1
else  语句2
```

程序代码如下所示。

```
sl12_4<-function(year)
{
     if(year%%4==0 & year%%100!=0 | year%%400==0)
     {
          print("是闰年。")
     }
     else
     {
          print("不是闰年。")
     }
     return(year)
}
```

编译运行结果如下所示。

```
> source('~/sl12_4.R')
> new.year<-2004
> sl12_4(new.year)
[1] "是闰年。"
[1] 2004
> new.year<-2020
> sl12_4(new.year)
[1] "是闰年。"
[1] 2020
> new.year<-2015
> sl12_4(new.year)
[1] "不是闰年。"
[1] 2015
> new.year<-2100
> sl12_4(new.year)
[1] "不是闰年。"
[1] 2100
```

对于二选一的问题，R 语言还设置了一个 ifelse() 函数，它可以处理向量数据。其使用的基本格式如下所示。

```
ifelse(逻辑判断,TRUE 表达式,FALSE 表达式)
```

如果逻辑判断是 TRUE, 则执行 TRUE 表达式。
如果逻辑判断是 FALSE, 则执行 FALSE 表达式。

举例：

```
>ifelse(2>=3,2,3)
[1] 3
```

【实例 12-5】将用户输入的分数转换成等级，分数与等级对应关系如下。

90～100（含 90）　优秀

80～89（含 80）　良好

70～79（含 70）　一般

60～69（含 60）　较差

60 以下　　　　　差

已知的等级转换条件可以改写为：

x>=90 优秀；

x>=80 且 x<90 良好；

x>=70 且 x<80 一般；

x>=60 且 x<70 较差；

x<60 差。

这虽是一个多分支问题，但可以用 if 的嵌套来解决。

if 嵌套的使用格式如下：

```
if(表达式1) 语句1
else if(表达式2) 语句2
      else if(表达式3) 语句3
            …
            else 语句n
```

程序代码如下所示。

```
sl12_5<-function(x)
{
     if(x>=90)
          print("优秀")
     else if(x>=80)
                print("良好")
             else if(x>=70)
                       print("一般")
                    else if(x>=60)
                              print("较差")
                           else print("差")
    return(x)
}
```

编译运行结果如下所示。

```
> source('~/sl12_5.R')
> new.x<-72
> sl12_5(new.x)
[1] "一般"
[1] 72
```

2. switch

【实例 12-6】判断某人所属体型的肥胖程度。医学界经过广泛的调查分析，根据人的身高和体重，给出了以下按“体脂数”对体型肥胖程度的划分：体脂数 $t=w/h^2$（w 为体重，以“千克”为单位；h 为身高，以“米”为单位）。

当 t<18 时为低体重体型；

当 t 介于 18 和 25 之间时为正常体型；

当 t 介于 25 和 27 之间时为超重体型；

当 t ≥ 27 时为肥胖体型。

根据某人的体重和身高数据，判断属于何种体型。

这也是一个多分支问题，除可用 if 嵌套处理之外，还可以用更为简便的 switch 函数来处理。

switch 函数的使用格式如下：

```
switch(判断运算，表达式 1，表达式 2，…)
```

程序代码如下所示。

```
sl12_6<-function(w,h)
{
  t<-w/h^2
  if(t<18) jr<-1
  else if(t<25) jr<-2
          else if(t<27) jr<-3
                  else jr<-4
  switch(jr,
          print("低体重体型"),
          print("正常体型"),
          print("超重体型"),
          print("肥胖体型"))
}
```

编译运行结果如下所示。

```
> source('~/sl12_6.R')
> sl12_6(45,1.52)
[1] "正常体型"
> sl12_6(73.5,1.62)
[1] "肥胖体型"
```

```
> sl12_6(65,1.62)
[1] "正常体型"
> sl12_6(70,1.62)
[1] "超重体型"
> sl12_6(45,1.62)
[1] "低体重体型"
```

3. 递归函数

如果一个函数自己调用自己，这个函数称为递归函数。R 语言支持函数自己调用自己。但要注意两点：

- 递归函数每次调用自己时，都会使问题向小的方向发展。虽然递归函数可以使程序变得很简洁，但使用时一定要特别小心。
- 必须要有一个终止条件来结束递归函数的运行，否则程序运行会陷入无休止状态。

【实例 12-7】用递归函数完成阶乘示例。

程序代码如下所示。

```
ex<-function(x)
{
  if(x==0)
     x+sum=1
  else
     x_sum=x*ex(x-1)
  return(x_sum)
}
```

代码运行结果如下所示。

```
>ex(5)
[1] 120
```

12.3　循环函数

在人们所要处理的实际问题中，常常会遇到需要反复执行某一操作的情形。例如，要输入 100 个学生的成绩；要求出 100 个自然数之和；要在 3 位数中找出“水仙花数”等。诸如此类的问题都存在一个重复求解的过程，需要使用循环控制结构来处理。循环控制结构在 R 语言中是通过循环函数来实现的。R 语言中循环函数有 3 种，即 for、while 和 repeat。

1. for 函数

for 函数的使用格式为：

```
for(循环变量 in 向量表达式) 循环体表达式
```

循环变量又称循环索引，向量表达式又称区间，循环体表达式又称系列运算命令。

【实例 12-8】用 for 函数从 1 开始，求 n 个自然数的总和。

程序代码如下所示。

```
sl12_8<-function(n)
{
  sumx<-0
  for(i in n) sumx<-sumx+i
    print(sumx)
}
```

编译运行结果如下所示。

```
> source('~/sl12_8.R')
> sl12_8(1:10)
[1] 55
> sl12_8(1:100)
[1] 5050
```

2. while 函数

while 函数的使用格式如下：

```
while(逻辑表达式)
{
    系列运算命令
}
```

如果逻辑表达式的值是 TRUE，循环将持续进行，如果是 FALSE 则终止循环。

【实例 12-9】用 while 循环函数编程找出全部“水仙花数”（提示：“水仙花数”是一些 3 位正整数，它们的特征是：设此 3 位正整数为 x，它的百位数为 i，十位数为 j，个位数为 k，则 i^3+j^3+k^3 与 x 相等）。

3 位正整数的范围是 100 ～ 999，关键问题是如何将一个 3 位正整数 x 自动分离出百位数 i、十位数 j 和个位数 k。

分离方法可以从一个已知数入手，例如有一个 3 位正整数 153。

求百位数的方法是：153%/%100=1…i，即 i=x%/%100；

求十位数的方法是：153%/%10=15

15%%10=5…j，即 j=(x%/%10)%%10；

求个位数的方法是：153%%10=3…k，即 k=x%%10。

程序代码如下所示。

```
sl12_9<-function(x)
{
  print("水仙花数有:")
```

```
  while(x<1000)
  {
    i<-x%/%100
    j<-(x%/%10)%%10
    k<-x%%10
    if(i^3+j^3+k^3==x)
        print(x)
    x<-x+1
  }
}
```

编译运行结果如下所示。

```
> source('~/sl12_9.R')
> sl12_9(100)
[1] "水仙花数有:"
[1] 153
[1] 370
[1] 371
[1] 407
```

【实例 12-10】用 for 循环函数编程找出全部“水仙花数”。

程序代码如下所示。

```
sl12_10<-function(n)
{
  print("水仙花数有:")
  for(x in n)
  {
    i<-x%/%100
    j<-(x%/%10)%%10
    k<-x%%10
    if(i^3+j^3+k^3==x)
      print(x)
  }
}
```

编译运行结果如下所示。

```
> source('~/sl12_10.R')
> sl12_10(100:999)
[1] "水仙花数有:"
[1] 153
[1] 370
[1] 371
[1] 407
```

由此可见，for 函数比 while 函数更简单，所以 for 函数应用更加广泛。

3. repeat 函数

repeat 函数的使用格式如下：

```
repeat 系列运算命令
```

repeat 函数要使用中止语句（break）跳出循环。

【实例 12-11】编写一个计算 100 以内的 Fibonacci 数列的程序。
Fibonacci 数列的定义如下：

```
fib1=1                    (n=1)
fib2=1                    (n=2)
fibn=fib(n-2)+fib(n-1)      (n>2)
```

程序代码如下所示。

```
sl12_11<-function()
{
  f<-c(1,1)
  i<-1
  repeat
  {
    f[i+2]<-f[i]+f[i+1]
    i<-i+1
    if(f[i]+f[i+1]>=100) break
  }
  print(f)
}
```

编译运行结果如下所示。

```
> source('~/sl12_11.R')
> sl12_11()
[1]  1  1  2  3  5  8 13 21 34 55 89
```

12.4 流程转移

流程转移可以使用 break 和 next 语句，从上面内容可以看到 break 转移程序控制的作用是跳出并终止全部循环。next 也同样可以转移程序的控制，但与 break 不同的是，next 只终止本次循环，只要循环条件满足，可以继续循环。

【实例 12-12】计算 1 到 100 之间的偶数的总和。
满足偶数的条件是 x%%2==0，也即是说，如果 x%%2!=0，x 必为奇数。
程序代码如下所示。

```
sl12_12<-function(n)
{
  sumx<-0
  for(x in n)
  {
    if(x%%2!=0) next
    sumx<-sumx+x
  }
  print(sumx)
}
```

编译运行结果如下所示。

```
> source('~/sl12_12.R')
> sl12_12(1:100)
[1] 2550
```


12.5 程序运行

R 语言的程序运行有两种方式：一种是前面用过的直译器方式，在 RStudio 窗口的左下方的 Console 窗口的代码区输入代码，立即可以在此窗口获得运行的结果；另一种则是从本章开始使用的编译运行方式，在 RStudio 窗口的左上方的 Source 窗口编辑代码，然后保存，最后编译和运行。一般方法是在 Source 窗口编辑函数代码，在 Console 窗口输入函数调用代码，经编译无误后运行程序得到结果。

下面以世界数学史上著名的“百鸡问题”为例，做一个全面、详细的介绍。

【实例 12-13】“鸡翁一，值钱五，鸡母一，值钱三，鸡雏三，值钱一。百钱买百鸡，问鸡翁、母、雏各几何？”

分析：设鸡翁、母、雏分别为 i、j、k 只，按题意可以得到：

i*5+j*3+k%/%3*1==100（百钱）

i+j+k=100（百鸡）

只有两个方程，两个方程无法求解 3 个未知数，只能将各种可能的取值代入，其中能满足两个方程的就是所需的求解结果。

i、j、k 可能的取值有哪些？百钱最多可以单买到公鸡 20 只，单买到母鸡 33 只，单买到小鸡 300 只。

一般可以用三重循环解决问题，但总共要循环 20*33*300=198000 次。为了缩短运行时间，将 k==100-i-j 代入，这样只需用上两个未知数，循环次数将为 20*33=660 次。但是，这个关系式是由百鸡移项得到的，仍差一个方程。古代的钱是一个一个不可分开的，由于一个钱可以买到 3 只小鸡，只有小鸡数目是 3 的整数倍，才能保证钱数也为整数。由此可以得出：

k%%3==0（确保钱数为整）

操作步骤如下。

步骤 1：编辑。双击 RStudio 图标将其打开，单击其中菜单栏下最左边图 12-1 所示的图标右边的下拉箭头。

图 12-1　下拉箭头图标

在图 12-2 所示的快捷菜单中单击选择“Text File”项。

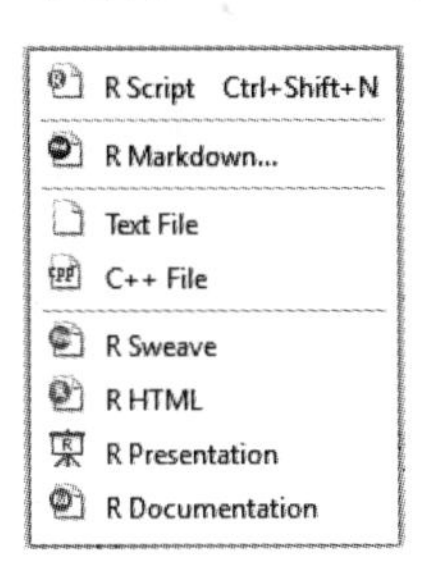

图 12-2　快捷菜单

此时 RStudio 左上角代码编辑窗口打开，如图 12-3 所示。

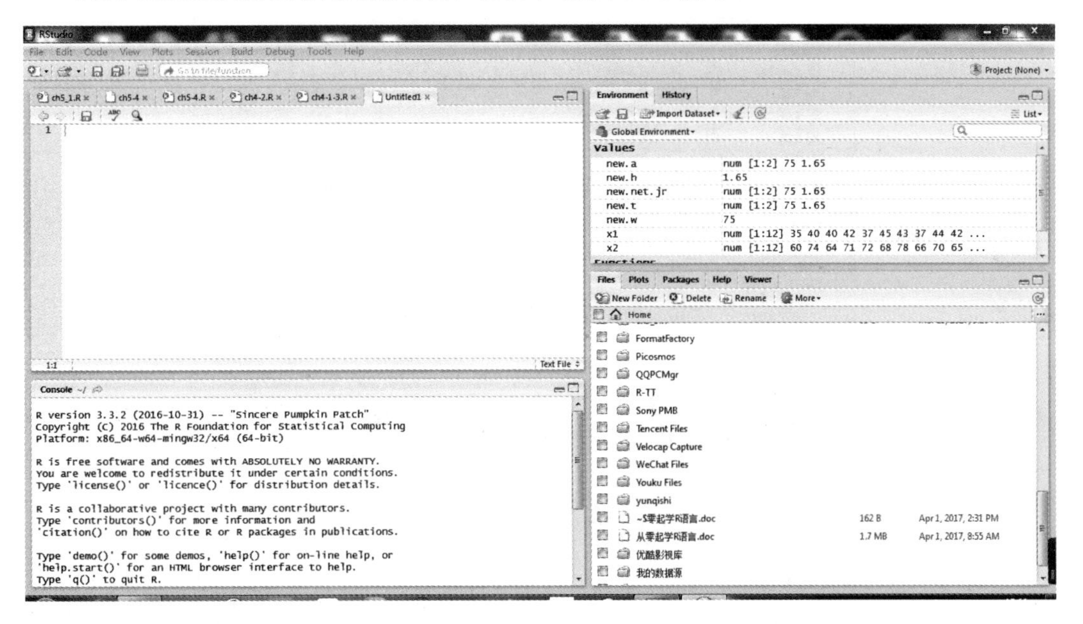

图 12-3　代码编辑窗口

步骤 2：保存。在此窗口输入完成本任务的自定义函数代码，单击菜单栏下方左起第二个“保存”按钮，如图 12-4 所示。

图 12-4　“保存”按钮

在如图 12-5 所示的选择编码窗口中单击 OK 按钮。

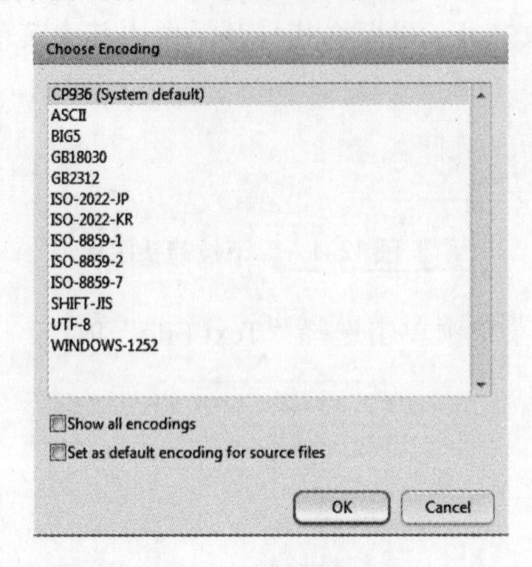

图 12-5 选择编码窗口

在图 12-6 中的文件名栏中输入 sl12_13.R（R 为 R 语言文件名的扩展名，一定要用 .R 标记），此时代码中一些关键字和数字均变为蓝色，如图 12-7 所示。

图 12-6 输入文件名及扩展名 .R

```
sl12_13<-function()
{
  print("公 母 小")
  for(i in 0:20)
  {
    for(j in 0:33)
    {
      k<-100-i-j
      if((5*i+3*j+k%/%3==100) & (k%%3==0))
      {
        sj<-c(i,j,k)
        print(sj)
      }
      j<-j+1
    }
    i<-i+1
  }
}
```

图 12-7 代码编辑窗口

步骤 3：编译。单击图 12-7 右侧的“Source”按钮右边的下拉箭头，在如图 12-8 所示的快捷菜单中单击选择上面一项对程序代码进行“编译”。

```
Source                Ctrl+Shift+S
Source with Echo      Ctrl+Shift+Enter
```

图 12-8　对程序代码进行“编译”

步骤 4：运行。在图 12-8 左下角的 Console 窗口出现的“source(' ~ /sl12_13.R')”下方的 R 语言输入提示符“>”后输入函数调用语句代码 sl12_13()，按回车键后得到如图 12-9 所示的程序运行结果。

```
> source('~/sl12_13.R')
> sl12_13()
[1] "公 母 小"
[1]  0 25 75
[1]  4 18 78
[1]  8 11 81
[1] 12  4 84
```

图 12-9　程序运行结果

该程序使用了 for 循环嵌套，由于输出有 3 项，这里采用了“sj< － c(i,j,k)”即向量的形式输出。

自我检测

一、判断题

（　　）1. 函数“print.default()”是 print() 函数的默认函数。

（　　）2. 有如下命令：

```
>ifelse(c(1,3,5)>3,10,5)
```

上面命令的执行结果如下所示。

[1] 5 5 10

（　　）3. 下面是程序片断 A：

```
if(deg>200)
{
  net.price<-net.price*1.15
}
```

下面是程序片断 B：

```
if(deg>200) net.price<-net.price*1.15
```

上面两个程序片断执行结果不相同。

(   ) 4. 有以下程序代码：

```
>a<-(0.9,0.5,0.7,1.1)
>b<-(1.2,1.2,0.6,1.0)
```

c 为 a，b 两个向量中较大的元素构成，如下所示。

```
>c
[1] 1.2 1.2 0.7 1.1
```

上面命令的执行结果可以由以下命令生成。

```
>c<-pmax(a,b)
```

(   ) 5. switch 与 ifelse() 同样可以处理向量数据。

二、单选题

(   ) 1. 关于函数下面哪个说法是错的？

A. 函数主体是由花括号“{”和“}”括起来的，如果函数主体只有一行，也可以省略花括号。

B. 在 R 语言中，可以将函数看成是一个对象，只要输入函数的名称就可以直接调用它。例如，设计一个函数“convert()”，就可以用“>convert”命令直接调用它。

C. 在函数调用时，R 语言提供了 3 点参数“...”的概念，这种 3 点参数通常都放在函数参数列表的最后面。

D. 在 R 语言中，函数可以作另一个函数的参数。

(   ) 2. 执行以下命令后，会得到哪组结果？

```
>a <-1:5
>b <-5:1
>ifelse(a<b,a,b)
```

A. [1] 1 2 3 4 5　　B. [1] 5 4 3 2 1　　C. [1] 1 2 3 2 1　　D. [1] 5 4 1 2 3

(   ) 3. 以下哪个不是 R 循环？

A. for　　B. until　　C. repeat　　D. while

(   ) 4. 对于 repeat 函数下面不正确的说法是哪一个？

A. 是循环函数之一。

B. 与其他编程语言的 do-while 循环的使用方法相似。

C. 必须使用中止语句跳出循环。

D. 不需要使用中止语句跳出循环。

(   ) 5. 比较 next 和 break 语句，在使用时不正确的说法是哪一个？

A. 都需要与逻辑表达式配合使用。　　B. 都有中止循环的功能。

C. break 只中止本次循环。　　D. next 只中止本次循环。

第 13 章 绘　图

R 语言具有强大的绘图功能，可以通过绘图函数来实现。下面先简单介绍散点图、饼图、直方图、三维透视图、等高线图和色彩影像图 6 种。

本章涉及的内容包括：

- 制作散点图。
- 制作饼图。
- 制作直方图。
- 制作三维透视图。
- 3D 绘制函数。
- 图形参数。

13.1 散点图

【实例 13-1】已知 10 名学生的年龄、身高和体重如表 13-1 所示，绘出这些数据的散点图。

表 13-1　10 名学生的年龄、身高和体重数据

序号	年龄	身高 /cm	体重 /kg	序号	年龄	身高 /cm	体重 /kg
1	13	144	38.1	6	14	175	51.0
2	13	166	44.5	7	14	161	46.5
3	14	163	40.8	8	15	170	60.3
4	15	169	50.8	9	16	183	68.0
5	14	160	46.5	10	15	169	50.8

程序代码如图 13-1 所示。

```
> df<-data.frame(
+     Height=c(144,166,163,169,160,175,161,170,183,171),
+     Weight=c(38.1,44.5,40.8,50.8,46.5,51.0,46.5,60.3,68.0,50.8))
> plot(df)
> pairs(df)
```

图 13-1　10 名学生的数据

运行结果如图 13-2 和图 13-3 所示。

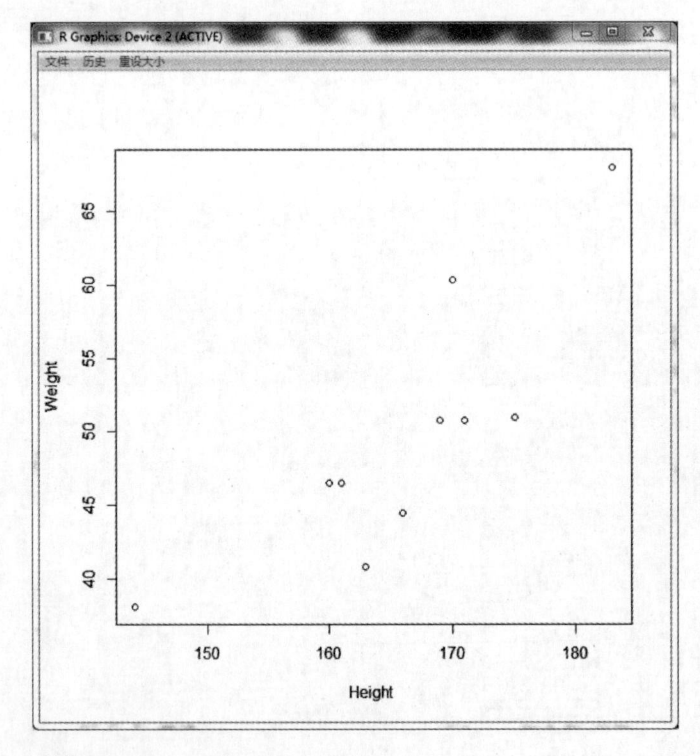

图 13-2　数据的散点图之一

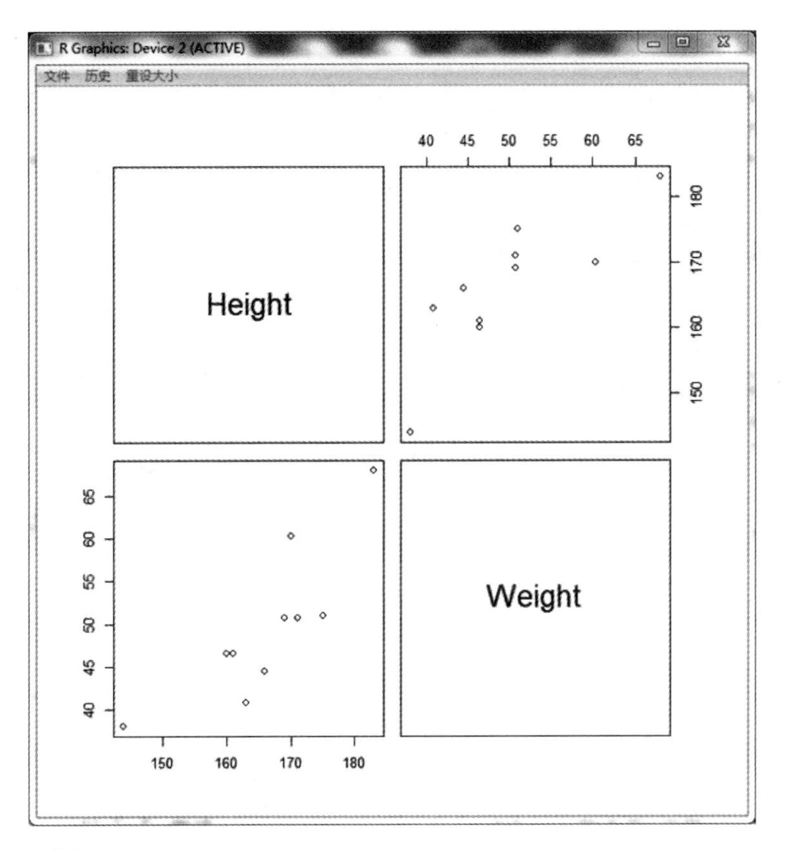

图 13-3 数据的散点图之二

1. 基本绘图函数——plot 函数

plot 函数的用途十分广泛，其使用格式为：

```
plot(x, y, ...)
```

参数的意义如下。

x，y：所绘图形横坐标和纵坐标构成的对象。

...：附加参数。

函数的默认使用格式为：

```
plot(x, y =NULL, type="p", xlim=NULL, ylim=NULL, log=" ", main=NULL, sub=NULL,
     xlab=NULL, ylab=NULL, ...)
```

type：所绘图形类型，“p”为绘点（默认值）。

xlim：二维向量，表示所绘图形 x 轴的范围。

ylim：二维向量，表示所绘图形 y 轴的范围。

log：“x”或者“y”，表示对 x 轴或对 y 轴的数据取对数。

main：描述图形主标题的字符串。

sub：描述图形副标题的字符串。

xlab：描述图形 x 标签的字符串，默认为对象名。
ylab：描述图形 y 标签的字符串，默认为对象名。
图 13-2 是全部参数都采用默认值绘出来的。

2. pairs 函数

pairs 函数绘制的是多组散点图，也就是多个变量对象的散点图，并且以阵列形式排列。其使用格式为：

```
pairs(x, ...)
```

参数的意义如下。
x：向量、矩阵或数据框描述数据的坐标构成的对象。
...：附加参数。
图 13-3 是全部用默认附加参数绘制得到的，在此附加参数从略。

【实例 13-2】已知 8 名学生 4 门学科成绩如表 13-2 所示（其中政治学科第 6 名学生因病缺考无成绩）。试用矩阵输入全部成绩，并做出相关计算和分析。

表 13-2 学生 4 门学科成绩表

语文	数学	英语	政治
85	80	82	90
87	83	90	92
83	77	86	90
80	75	78	85
88	90	91	78
78	88	87	NA
80	81	83	89
83	79	80	84

步骤 1：建立矩阵，借助向量输入数据。

```
> Results<-matrix(nrow=8,ncol=4)
> Results
     [,1] [,2] [,3] [,4]
[1,]   NA   NA   NA   NA
[2,]   NA   NA   NA   NA
[3,]   NA   NA   NA   NA
[4,]   NA   NA   NA   NA
[5,]   NA   NA   NA   NA
[6,]   NA   NA   NA   NA
[7,]   NA   NA   NA   NA
[8,]   NA   NA   NA   NA
```

```
> Results[,1]<-c(85,87,83,80,88,78,80,83)
> Results[,2]<-c(80,83,77,75,90,88,81,79)
> Results[,3]<-c(82,90,86,78,91,87,83,80)
> Results[,4]<-c(90,92,90,85,78,NA,89,84)
> Results
     [,1] [,2] [,3] [,4]
[1,]   85   80   82   90
[2,]   87   83   90   92
[3,]   83   77   86   90
[4,]   80   75   78   85
[5,]   88   90   91   78
[6,]   78   88   87   NA
[7,]   80   81   83   89
[8,]   83   79   80   84
```

步骤 2：增加学科名称。

```
> colnames(Results)<-c("语文","数学","英语","政治")
> Results
     语文 数学 英语 政治
[1,]   85   80   82   90
[2,]   87   83   90   92
[3,]   83   77   86   90
[4,]   80   75   78   85
[5,]   88   90   91   78
[6,]   78   88   87   NA
[7,]   80   81   83   89
[8,]   83   79   80   84
```

步骤 3：访问成员。

1 号第 1 门学科：

```
> Results[1,1]
语文
  85
```

1 到 4 号第 1 门学科：

```
> Results[1:4,1]
[1] 85 87 83 80
```

1 号 4 门学科：

```
> Results[1,1:4]
语文 数学 英语 政治
  85   80   82   90
```

1 到 8 号第 1 门学科：

```
>  Results[1:8,1]
[1] 85 87 83 80 88 78 80 83
> Results[,1]
[1] 85 87 83 80 88 78 80 83
> Results[1,]
语文     数学     英语      政治
 85       80       82       90
```

1 到 8 号第 2、3 门学科：

```
> Results[,2:3]
          数学          英语
[1,]       80            82
[2,]       83            90
[3,]       77            86
[4,]       75            78
[5,]       90            91
[6,]       88            87
[7,]       81            83
[8,]       79            80
```

1 到 8 号除去第 4 门学科：

```
> Results[,-4]
          语文          数学       英语
[1,]       85            80         82
[2,]       87            83         90
[3,]       83            77         86
[4,]       80            75         78
[5,]       88            90         91
[6,]       78            88         87
[7,]       80            81         83
[8,]       83            79         80
```

1 到 8 号第 1、2、4 门学科：

```
> Results[,c(1,2,4)]
          语文          数学       政治
[1,]       85            80         90
[2,]       87            83         92
[3,]       83            77         90
[4,]       80            75         85
[5,]       88            90         78
[6,]       78            88         NA
[7,]       80            81         89
[8,]       83            79         84
```

统计各门学科的总分和平均分：

```
> sum(Results[,1])
[1] 664
> mean(Results[,1])
[1] 83
> sum(Results[,2])
[1] 653
> mean(Results[,2])
[1] 81.625
> sum(Results[,3])
[1] 677
> mean(Results[,3])
[1] 84.625
> sum(Results[,4],na.rm=TRUE)      # 用 na.rm=TRUE 除去空缺分
[1] 608
> mean(Results[,4],na.rm=TRUE)
[1] 86.85714
```

```
> plot(Results[,1],xlab=" 学号 ",ylab=" 成绩 ",main=" 语文学科成绩分布图 ")
```

语文学科成绩分布图如图 13-4 所示。

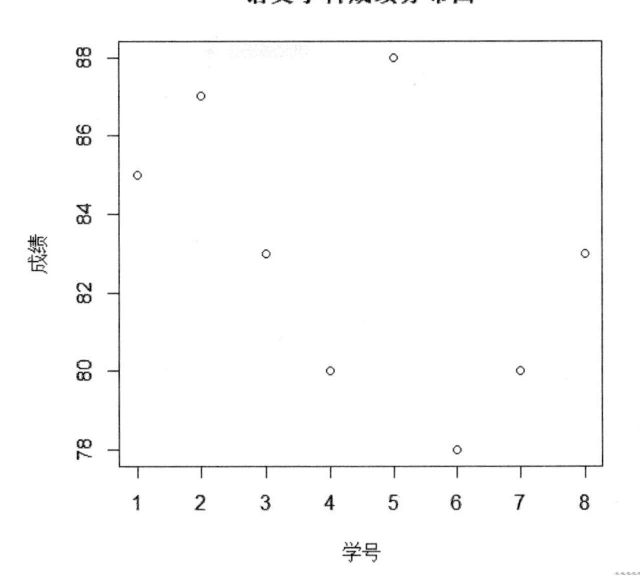

图 13-4　成绩分布散点图之一

```
> plot(Results[,2],xlab=" 学号 ",ylab=" 成绩 ",main=" 数学学科成绩分布图 ")
```

数学学科成绩分布图如图 13-5 所示。

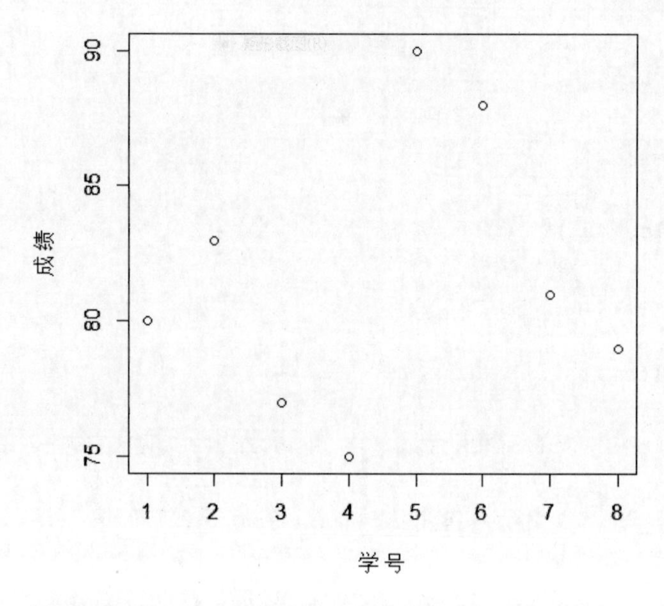

图 13-5　成绩分布散点图之二

```
> plot(Results[,3],xlab=" 学号 ",ylab=" 成绩 ",main=" 英语学科成绩分布图 ")
```

英语学科成绩分布图如图 13-6 所示。

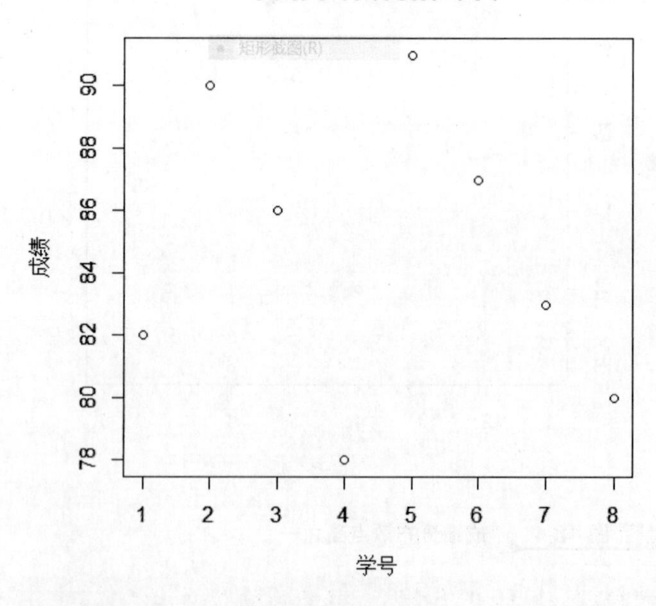

图 13-6　成绩分布散点图之三

```
> plot(Results[,4],xlab=" 学号 ",ylab=" 成绩 ",main=" 政治学科成绩分布图 ")
```

政治学科成绩分布图如图 13-7 所示。

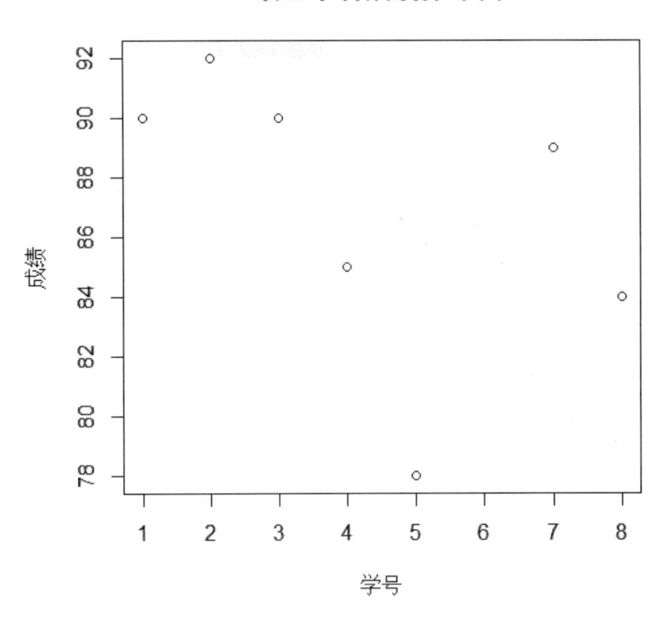

图 13-7 成绩分布散点图之四

13.2 饼图

【实例 13-3】已知 5 名学生某学科的成绩如表 13-3 所示，绘出这些数据的饼图。

表 13-3 5 名学生某学科的成绩

A	B	C	D	E
86	97	85	90	76

饼图是将圆形划分为几个扇形的统计图表，用于描述量、频率或百分比之间的关系。程序代码如图 13-8 所示。

```
> cj<-c(86,97,85,90,76)
> names(cj)<-c("A","B","C","D","E")
> pie(cj)
```

图 13-8 某学科的成绩

运行结果如图 13-9 所示。

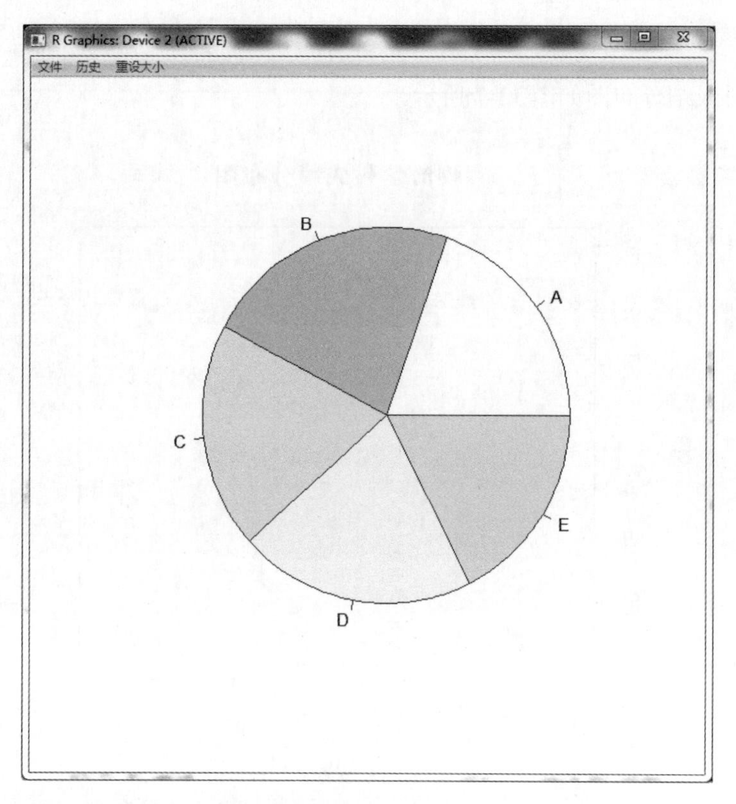

图 13-9 某学科的成绩饼图

在 R 语言中，用 pie 函数绘制饼图，其使用格式为：

```
pie(x, labels=names(x), edges=200, rabius=0.8, clockwise=FALSE, init.
angle=if(clockwise) 90 else 0, density=NULL, angle=45, col=NULL, main=NULL, ...)
```

参数的取值及意义如下。

x：向量，分量为正值，描述饼图中扇形面积或者扇形面积的比例。

labels：表达式或字符串，描述图中扇形的名称，默认值为 names(x)。

edges：正整数，描述近似圆的多边形的边数。

rabius：数值，饼图的半径，默认值为 0.8。

clockwise：逻辑变量，默认值为 FALSE，按逆时针方向分布，TRUE 为顺时针。

init.angle：数值，描述饼图开始的角度，逆时针的默认值为 0 度，即 3 点钟的位置。时针的默认值为 90 度，即 12 点钟的位置。

density：正整数，阴影线条的密度，表示每英寸的线条的个数。

angle：数值或向量，描述扇形阴影线条倾斜的角度。

col：绘图的默认颜色。

main：饼图的标题文字。

【实例 13-4】使用 pie() 函数和 col 参数，列出绘图的 8 种颜色。

程序代码如图 13-10 所示。

```
> pie(rep(1,8),col=1:8,main="Colors")
```

图 13-10　程序代码

运行结果如图 13-11 所示。

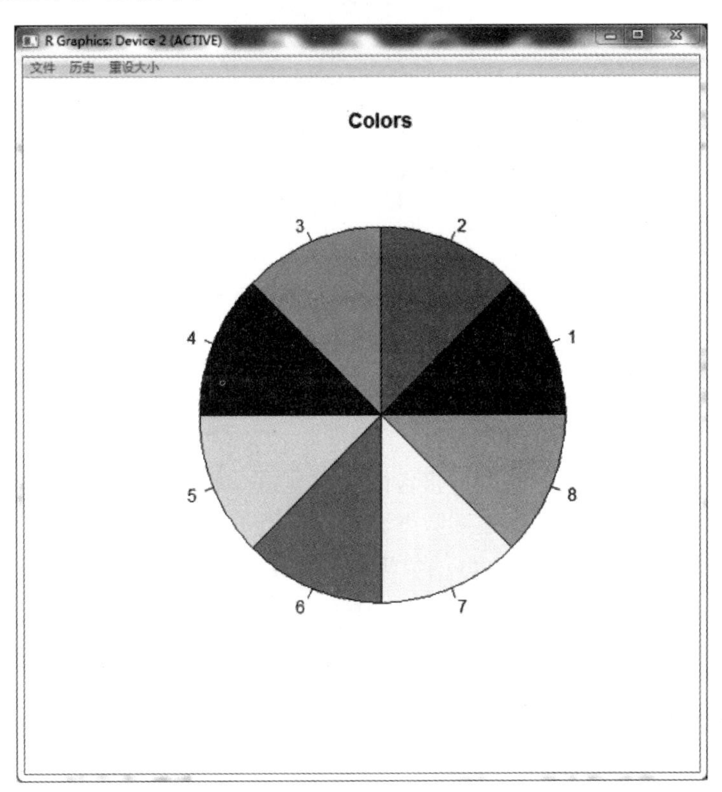

图 13-11　绘图的 8 种颜色

【实例 13-5】某校举行秋季运动会，东、南、西、北 4 个校区获得的金牌数分别为 40、35、20、15，试用饼图显示金牌的分布情况。

程序代码如下：

```
> x<-c(40,35,25,15)
> label<-c(" 东区 "," 南区 "," 西区 "," 北区 ")
> piepercent<-round(100*x/sum(x),2)
> piepercent<-paste(label,piepercent,"%",sep="")
> pie(x,labels=piepercent,main=" 各校区金牌分布图 ",col=terrain.colors(length(x)))
```

程序运行结果如图 13-12 所示。

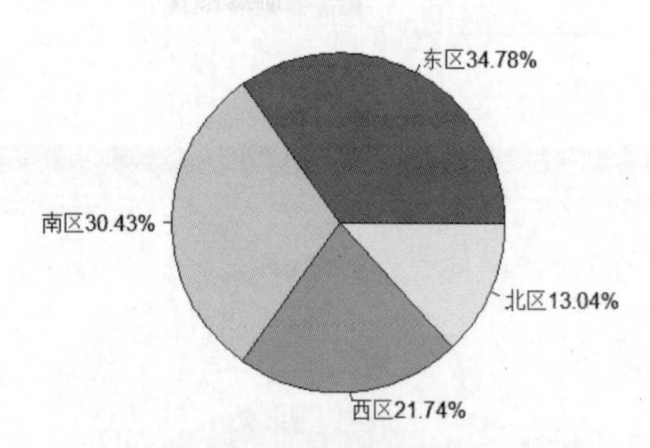

图 13-12　显示金牌分布情况的饼图

13.3　直方图

直方图又称柱状图，是一种统计报告图。它是由一系列高度不等的纵条纹或线段表示数据的分布情况，是用来展示连续数据分布的常用工具。

在 R 语言中，直方图是用 hist() 函数来根据数据绘制的，其使用格式为：

```
    hist(x, breaks="Sturges", freq=NULL, col=NULL, border=NULL,
main=paste("Histogram of",xname), labels=FALSE, ...)
```

参数的取值及意义如下。

x：向量，直方图的数据。

breaks：数值，向量或字符串，描述直方图的断点。

freq：逻辑变量，TRUE 为频数，FALSE 为密度。

col：绘图的默认颜色。

border：数字或字符串，描述直方图外框的颜色。

main：直方图的标题文字。

labels：逻辑变量，默认值为 FALSE，当取值为 TRUE 时，表示标示出频数或密度。

【实例 13-6】将表 13-4 中 10 名学生的身高作为数据，绘制其直方图。

表 13-4　10 名学生的年龄、身高数据

序号	年龄	身高 /cm	序号	年龄	身高 /cm
1	13	144	6	14	175
2	13	166	7	14	161
3	14	163	8	15	150
4	15	169	9	16	183
5	14	160	10	15	169

程序代码如图 13-13 所示。

```
> Height<-c(144,166,163,169,160,175,161,150,183,169)
> hist(Height,col="lightblue",border="red",labels=TRUE,ylim=c(0,7.2))
```

图 13-13 10 名学生的身高数据

运行结果如图 13-14 所示。

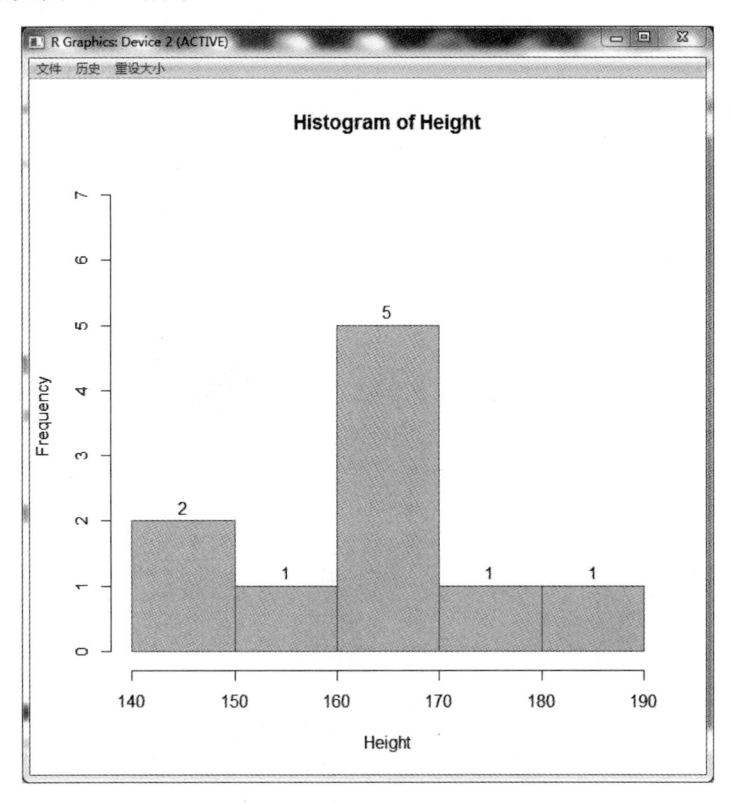

图 13-14 10 名学生身高数据的直方图

ylim 表示直方图纵坐标轴（在这里是代表人数）的取值范围。

13.4 三维透视图

前面所介绍的都是二维图形，相对来说三维透视图在视觉上更具吸引力。

在 R 语言中，persp() 函数能绘制三维透视图，其使用格式为：

```
persp(x=seq(0, 1, length.out=nrow(z)), y=seq(0, 1, length.out=ncol(z)), theta=0, phi=15, expand=1, ...)
```

参数的取值及意义如下。

x，y：数值型向量，分别表示 x 轴和 y 轴的取值范围。

z：矩阵，由 x 和 y 根据所绘图形函数关系生成。

theta，phi：数值，分别表示图形的观察角度 θ 和 ϕ。

expand：数值，扩展或缩小的比例，默认值为 1。

【实例 13-7】在 [-7.5，7.5]×[-7.5，7.5] 的正方形区域内绘制函数$z=\frac{\sin\sqrt{x^2+y^2}}{\sqrt{x^2+y^2}}$的三维透视图。

程序代码如图 13-15 所示。

```
y<-x<-seq(-7.5,7.5,by=0.5)
f<-function(x,y)
{
    r<-sqrt(x^2+y^2)+2^{-52}
    z<-sin(r)/r
}
z<-outer(x,y,f)
persp(x,y,z,theta=30,phi=15,expand=.7,col="lightblue",xlab="X",ylab="Y",zlab="Z")
```

图 13–15　程序代码

运行结果如图 13-16 所示。

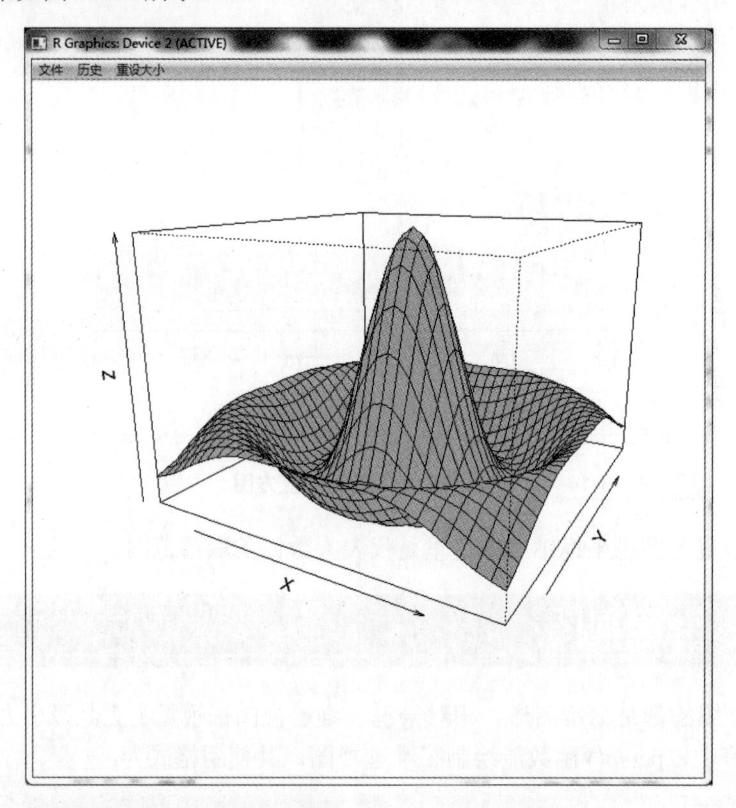

图 13-16　三维透视图

程序的第 1 行是输入变量 x 和 y 的取值范围，在这里间隔取 0.5。

程序的第 2 行至第 5 行定义了一个描述变量之间关系的函数，在变量 r 上加了一个很小的量（2^{-52}）是为了避免在下一行运算时分母为 0。

在绘制三维图形时，z 并不是关于 x 和 y 的简单的运算，而是需要在函数 f 的关系下做外积运算（z<-outer(x, y, f)），求解出每一个格点的高度，以确定所有格点的坐标位置，从而形成网格，这样才能绘出三维透视图。

【实例13-8】在[-3.5,3.5]×[-3.5,3.5]的正方形区域内绘出Peaks函数的三维透视图。Peaks函数的表达式如下：

$$z = 3(1-x)^2 e^{-x^2-(y+1)^2} - 10\left(\frac{x}{5} - x^3 - y^5\right)e^{-x^2-y^2} - \frac{1}{3}e^{-(x+1)^2-y^2}$$

程序代码如下：

```
y<-x<-seq(-3,3,by=0.5)
f<-unction(x,y)
{
  z<-3*(1-x)^2*exp(-x^2-(y+1)^2)-10*(x/5-x^3-y^5)*exp(-x^2-y^2)
  -1/3*exp(-(x+1)^2-y^2)
}
ch13_8<-function()
{
  z<-outer(x,y,f)
  persp(x,y,z,theta=30,phi=15,expand=.7,col="lightblue",
        xlab="X",ylab="Y",zlab="Z",main="Peaks 函数三维透视图 ")
}
```

程序运行结果如图13-17所示。

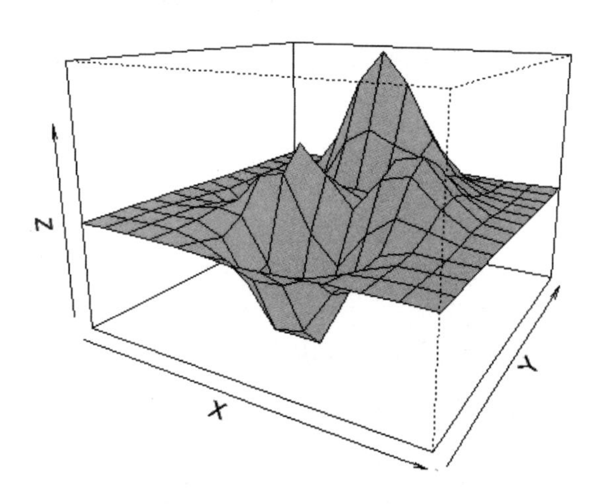

图13-17　Peaks 函数三维透视图

13.5　3D绘图函数

R绘制3D图形的函数主要有3个：persp()、contour()和image()。这3种3D绘图函数都需要给予两组数量的数值向量来定义两个方向的格点，再使用outer()函数求解出每一个格点的高度，以确定所有格点的坐标位置，才能够进行正式的3D立体图绘制。

透视图已在上面介绍了，下面分别介绍绘制等高线和色彩影像。

绘制等高线使用 contour() 函数，它的使用格式如下：

```
contour(x=seq(0,1,length.out=nrow(z)),y=seq(0,1,length.out=ncol(z)),z,nlevels=10,levels=pretty(zlim,nlevels),labels=NULL),xlim=range(x,finite=TRUE), ylim=range(y,finite=TRUE), zlim=range(z,finite=TRUE),labcex=0.6,drawlabels= TRUE,method= "flattest",vfont,axes= TRUE,frame.plot=axes,col=par("fg"),lty=par("lty"),lwd=par("lwd"),add=FALSE,...)
```

nlevels、levels：等高线的数量，两者择一使用。

labels：给出等高线标签的向量。如果为NULL，则以水平高度作为标签。

labcex：等高线标签的绝对值。不同于相对值的 par(“cex”)。

drawlabels：逻辑值若为TRUE则绘制等高线标签，若为FALSE则不绘。

method：字符串，指定标签绘制在哪里。可能的值为“simple”“edge”和“flattest”（默认值）。

axes、frame.plot：逻辑值，指示是否应绘制轴或者框。

col、lty、lwd：等高线的颜色、样式与线的宽度。

add：逻辑值，若 add=TRUE 则表示将图绘至已经绘好的图内。

绘制色彩影像使用 image() 函数，它使用的格式如下：

```
image(x,y,z,zlim,xlim,ylim,col=heat.colors(12),add=FALSE,xaxs="i",yaxs= "i",xlab,ylab,breaks,oldstyle=FALSE,useRaster,...)
```

col：颜色，例如由 rainbow()、heat.colors()、topo.colors()、terrain.colors() 或者类似的函数生成的列表。

xaxs、yaxs：x 和 y 轴的样式。

breaks：一套代表颜色的按递增顺序排列的有限数字断点，必须比使用到的颜色多一个断点。若使用未排序的向量，则会产生一个警告。

oldstyle：逻辑值。如果为TRUE则颜色间隔的中点是均匀的。默认设置是具有相等的限制长度之间的颜色间隔。

useRaster：逻辑值。如果为TRUE，则用位图光栅代替多边形绘制图像。

【实例 13-9】 在 [-3，3]×[-3，3] 的正方形区域内绘出下列函数的等高线，其中等高线的值分别为 -0.65，-5.75，…，7.75，共 20 条等高线。

$$z = 3(1-x)^2 \mathrm{e}^{-x^2-(y+1)^2} - 10\left(\frac{x}{5} - x^3 - y^5\right)\mathrm{e}^{-x^2-y^2}$$

程序代码如下：

```
y<-x<-seq(-3,3,by=0.125)
f<-function(x,y)
{
```

```
  z<-3*(1-x)^2*exp(-x^2-(y+1)^2)-10*(x/5-x^3-y^5)*exp(-x^2-y^2)
}
ch13_9<-function()
{
  z<-outer(x,y,f)
  contour(x,y,z,levels=seq(-6.5,7.5,by=0.75),
  xlab="X",ylab="Y",col="blue")
}
```

程序运行结果如图 13-18 所示。

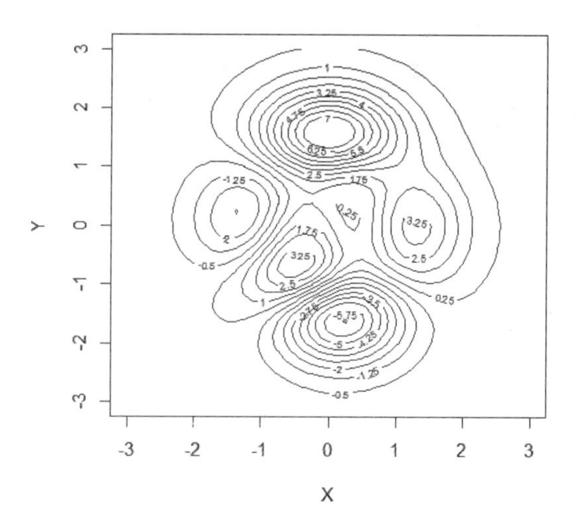

图 13-18　等高线示例

【实例 13-10】以四合一的 4 个图形套用以上 3 种 3D 绘图函数，并配合使用相关的参数绘制以下立体图。自定义了服从正态分布的双变量（x，y）的概率密度函数，并将两者的标准偏差均选为 1，平均数均选为 0，相关系数参数 tho 设为 0.5。

程序代码如下：

```
f<-function(x,y)
{
  exp(-2/3*(x^2-x*y+y^2))/pi/sqrt(3)
}
ch13_10<-function()
{
  x<-seq(-3,3,0.1)      # 设定 x 与 y 在 -3 与 3 倍标准偏差内
  y<-x
  z<-outer(x,y,f)       # 使用外积函数产生 z 值
  # 绘制 2*2 四合一图，设定下左上右留空
  par(mfrow=c(2,2),mai=c(0.3,0.2,0.3,0.2))
  persp(x,y,z,main="透视图")      # 透视图(左上)，下一图调整 1 角度与方向(右上)
  persp(x,y,z,theta=60,phi=30,box=T,main="theta=60,phi=30,box=T")
```

```
    contour(x,y,z,main="等高线图")   #等高线图(左下)
    image(x,y,z,main="色彩影像图")   #色彩影像图(右下)
}
```

程序运行结果如图 13-19 所示。

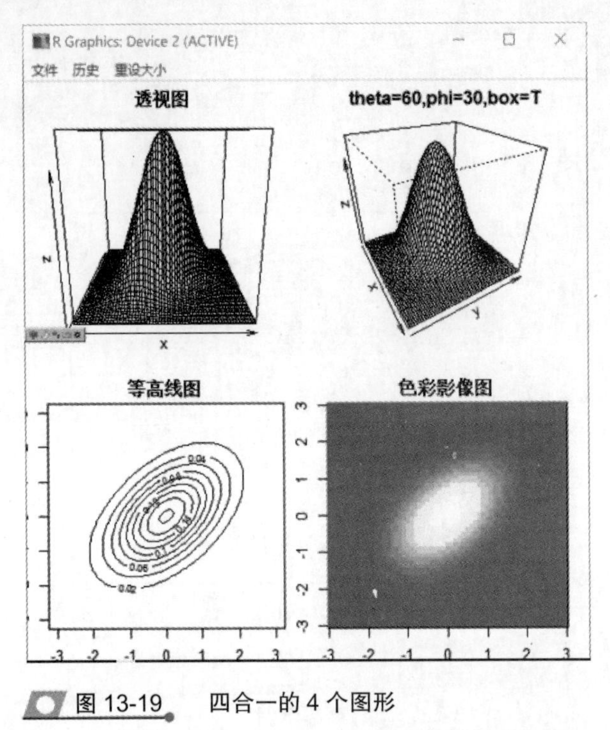

图 13-19　四合一的 4 个图形

13.6　图形参数

在实际绘图中，特别是绘制用于演示或者出版的图形时，R 软件用默认设置绘制的图形往往不能满足实际的要求。因此，R 软件还提供了一系列图形参数，通过使用图形参数可以修改图形显示的所有各方面的设置。图形参数包括线型、颜色、图形排列、文本对齐方式等。每个图形参数都有一个名字，例如：col 代表颜色，取一个值，如 col="red" 表示为红色。本节选择几个做简单介绍。

1. 绘图范围

xlim=c(x1,x2)，描述图形中 x 轴的取值范围。
ylim=c(y1,y2)，描述图形中 y 轴的取值范围。
zlim=c(z1,z2)，描述图形中 z 轴的取值范围。

2. 图中的字符串

main=，说明图形标题的字符串。
sub=，说明图形副标题的字符串。

xlab=，描述 x 轴内容的字符串。
ylab=，描述 y 轴内容的字符串。
zlab=，描述 z 轴内容的字符串。

3. 图中点的形状

在默认情况下，图形中的点是由空心圆组成的，如果打算改变点的形状，可以用参数 pch 来完成，其使用格式为：

```
pch=k
```

其中，k 的取值范围是 0~25。
例如：
0 或 22 为空心正方形。
1 或 21 为空心圆。
2 或 24 为空心正三角形。
3 为加号 +。
4 为叉号 ×。
5 为空心正菱形。
6 或 25 为空心倒三角形。
16 或 19 为实心圆。
20 为小实心圆。
17 为实心正三角形。

4. 规定图中点、线、文本或者填充区域的颜色

可用参数 col 规定图中点、线或者文本的颜色。可用参数 bg 规定图中填充区域的颜色。其使用格式为：

```
col=k,bg=k
```

其中 k 是数值或者描述颜色的字符串。例如：1~8 分别代表黑、红、绿、蓝、青、深红、黄和灰。如果用字符串表示，则用“black”“red”“green”“blue”“cyan”“magenta”“yellow”“gray”分别代表黑、红、绿、蓝、青、深红、黄和灰。可用 palette() 函数给出颜色的数值，用 colors() 函数给出颜色的名称。

可用参数 col.axis、col.lab、col.main 和 col.sub 来规定坐标轴的注释、x 轴与 y 轴的标记、标题和副标题中的文字或者字符的颜色。

5. 规定图中文本的对齐方式

可用参数 adj 规定图中文本的对齐方式，其使用格式为：

```
adj=k
```

其中 k 为数值，表示对齐的方式；0 表示左对齐；1 表示右对齐；0.5 表示居中。此

参数的值实际代表的是出现在给定坐标左边的文本比例，所以 adj=-0.1 的效果是文本出现在给定坐标右边，并空出相当于文本 10% 长度的距离。

6. 添加文字或符号

在已绘制的图上添加文字或符号的函数为 text()，其使用格式为：

```
text(x,y=NULL,labels=seq_along(x),adj=NULL,pos=NULL,offset=0.5,
vfont=NULL,cex=1,col=NULL,font=NULL,...)
```

参数的意义如下。

x，y：数值向量，表示添加文字处的坐标。

labels：数值型或字符串向量，表示需要添加的文字或符号。

adj：[0，1] 区间的值，一个或两个，描述文字调整的位置。

pos：数字或 NULL（默认值），1、2、3、4 分别表示原始位置的下、左、上、右位置。

cex：数值，默认为 1，表示字体大小。

7. 添加图题

在已绘制的图形上添加图题的函数为 title()，其使用格式为：

```
title(main=NULL,sub=NULL,xlab=NULL,ylab=NULL,line=NA,outer=FALSE,...)
```

参数的意义如下。

main：字符串，描述标题的内容，加在图的顶部。

sub：字符串，描述副标题的内容，加在图的底部。

xlab：字符串，描述 x 轴的内容。

ylab：字符串，描述 y 轴的内容。

outer：逻辑变量，TRUE 表示将标题放在图形空白处的外侧，FALSE（默认值）表示将标题放在图形空白处。

8. 用参数设置多图环境

多图环境用参数 mfrow 或者 mfcol 规定，例如：

```
>par(mfrow=c(3,2))
```

表示同一页面有 3 行 2 列共 6 个图，而且次序为按行排放。先排第 1 行的 2 个，再排第 2 行的 2 个，最后排第 3 行的 2 个。

```
>par(mfcol=c(3,2))
```

表示同一页面有 3 行 2 列共 6 个图，而且次序为按列排放。先排第 1 列的 3 个，再排第 2 列的 3 个。

要取消一页多图，只要运行下面的代码即可。

```
>par(mfrow=c(1,1))
```

自我检测

一、判断题

（　　）1. 如果想要在同一页面内排放 6 张图，下面两条命令的作用是完全相同的。

```
>par(mfrow=c(3,2))
```

或

```
> par(mfcol=c(3,2))
```

（　　）2. 绘制直方图的 R 基本默认命令是 hisi(x)。

（　　）3. 绘制 x 和 y 散点图的 R 基本默认命令是 plot(x,y)。

（　　）4. 常用的各种统计绘图，基本属于高级绘图。

（　　）5. curve() 和 coplot() 两函数都属于高级绘图。

二、单选题

（　　）1. 以下哪个函数是用来绘制散点的？

A. barplot()　　B. pie()

C. dotchart()　　D. points()

（　　）2. 绘制以下图形的 R 命令可能为哪个？

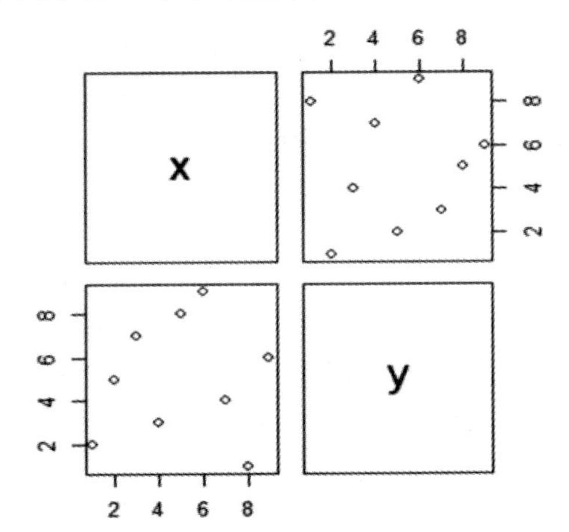

A. plot(matrix(x,y))

B. matrix(plot(x,y))

C. pair(cbind(x,y))

D. pairs(cbind(x,y))

(　　) 3. 以下哪个命令会产生下面图形？

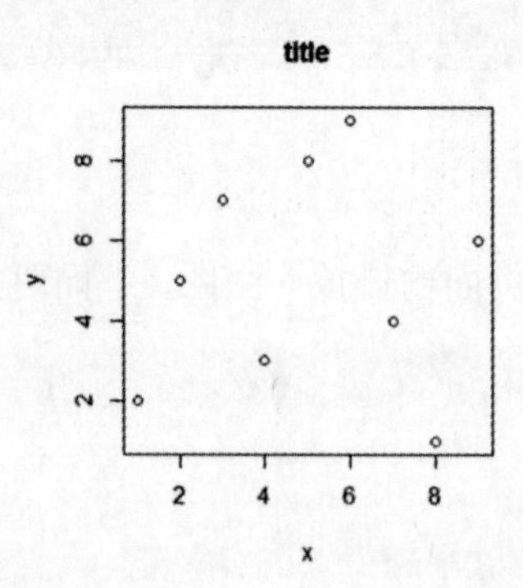

A. x=c(1:9)
y=c(2,5,7,3,8,9,4,1,6)
plot(x,y)
title(main= “title”)

B. x=c(1:9)
y=c(2,5,7,3,8,9,4,1,6)
plot(x,y)

C. x=c(1:9)
y=c(2,5,7,3,8,9,4,1,6)
plot(x,y)
title(sub= “title”)

D. x=c(1:9)
y=c(2,5,7,3,8,9,4,1,6)
plot(x,y)
title(xlab= “title”)

(　　) 4. 绘制以下图形的命令可能为下面哪一个？

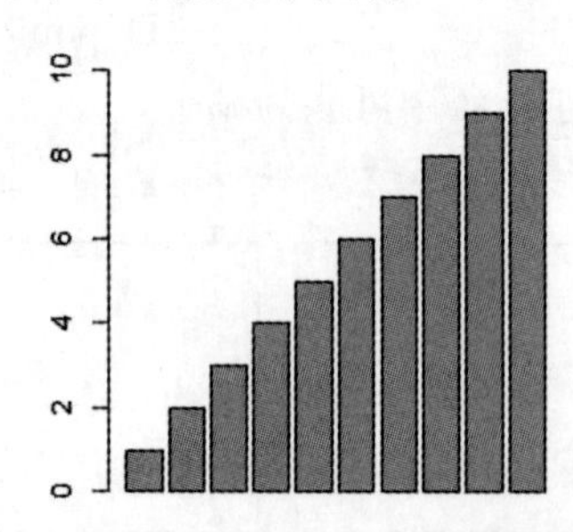

A. barplot(x)　　　B. boxplot(x)

C. hist(x)　　　D. stem(x)

(　　) 5. 绘制以下图形的 R 命令可能是下面哪一个？

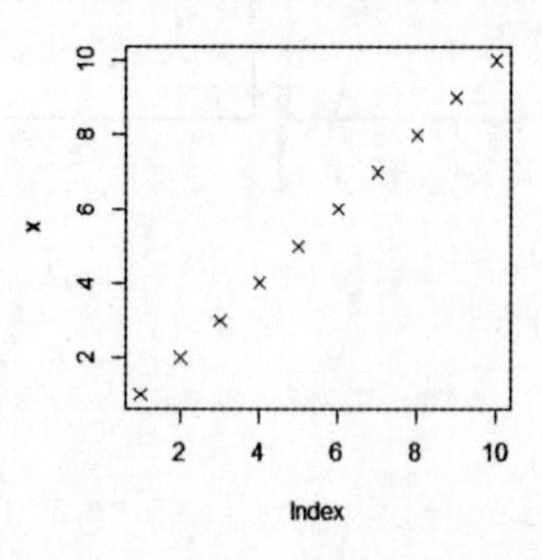

A. plot(x,pch=4)　　　B. plot(x,col=4)

C. plot(x,lab=4)　　　D. plot(x,cel=4)

应 用 篇

第 14 章

样条插值

【实例 14-1】已知某地区的月平均气温如表 14-1 所示，试用三次样条插值估计全年每天的气温。

表 14-1 某地区一年中各月的平均气温

月份	气温 /ºC	月份	气温 /ºC	月份	气温 /ºC	月份	气温 /ºC
1	-4.7	4	13.2	7	26.0	10	12.5
2	-2.3	5	20.2	8	24.6	11	4.0
3	4.4	6	24.2	9	19.5	12	-2.8

本实例涉及的知识点包括插值、三次样条函数、中位数。

1. 插值

插值就是用已知点 x_0，x_1，…，x_n 处的函数值 y_0，y_1，…，y_n 构造一个简单函数 $\Phi(x)$，满足

$$\Phi(x_k)=y_k,\ k=0,\ 1,\ \cdots,\ n$$

称 x_k（k=0，1，…，n）为插值的节点，上式称为插值条件。

插值分多项式插值、分段线性插值和分段 Hermite 插值。多项式插值不会收敛，分段线性插值虽然克服了多项式插值不会收敛的缺点，但其缺点是不光滑。如果要求分段线性插值函数具有光滑曲线，就需要用到分段 Hermite 插值。所谓分段 Hermite 插值，就是在构造插值函数时，不但用到了函数值，还要用到函数的导数值。

2. 三次样条函数

分段 Hermite 插值的函数虽然具有连续的一阶导数，但它不具有连续的二阶导数。若要做到这一点，就需要做三次样条函数。三次样条函数本质上也是分段表示函数，它在每一个小区间都是次数不越过 3 的多项式。从整体上看，它有连续的一阶和二阶导数。

如果要完整地确定一个三次样条函数，除了需要插值节点和它的函数值外，还需要输入插值区间端点处的边界条件。

3. 中位数

中位数就是数据排序位于中间位置的值。如果数据按顺序排列，对于奇数个数据，中位数就是中间位置的数据；对于偶数个数据，中位数就是中间两个数据的平均值。

题意分析：

假设每月的平均气温是每月中位数那天的气温，然后用三次样条插值函数估计出全年各天的平均气温。由于每年的气温应该是周期变化的，所以在使用 spline() 或 splinefun() 函数时，应该采用周期边界条件。

程序代码如图 14-1 所示。

```
1  ch1<-function()
2  {
3    mt<-c(-4.7,-2.3,4.4,13.2,20.2,24.2,26.0,24.6,19.5,12.5,4.0,-2.8)
4    monthlen<-c(31,28,31,30,31,30,31,31,30,31,30,31)
5    month=rep(1:12,monthlen)
6    midmonth<-tapply(1:365,month,median)
7    x<-c(midmonth,midmonth[1]+365)
8    y<-mt[c(1:12,1)]
9    s=splinefun(x,y,method="periodic")
10   par(mai=c(.9,.9,.6,.2))
11   plot(1:365,s(1:365),type="l",lwd=2,col="blue",lab=c(7,7,12),xlab="一年的天数",
12        ylab="气温/℃",main="每月的平均气温")
13   points(x[-13],y[-13],pch=19,cex=1.2,col="red")
14 }
```

图 14-1　程序代码

程序运行结果如图 14-2 所示。

```
> source('~/ch1.R')
> ch1()
```

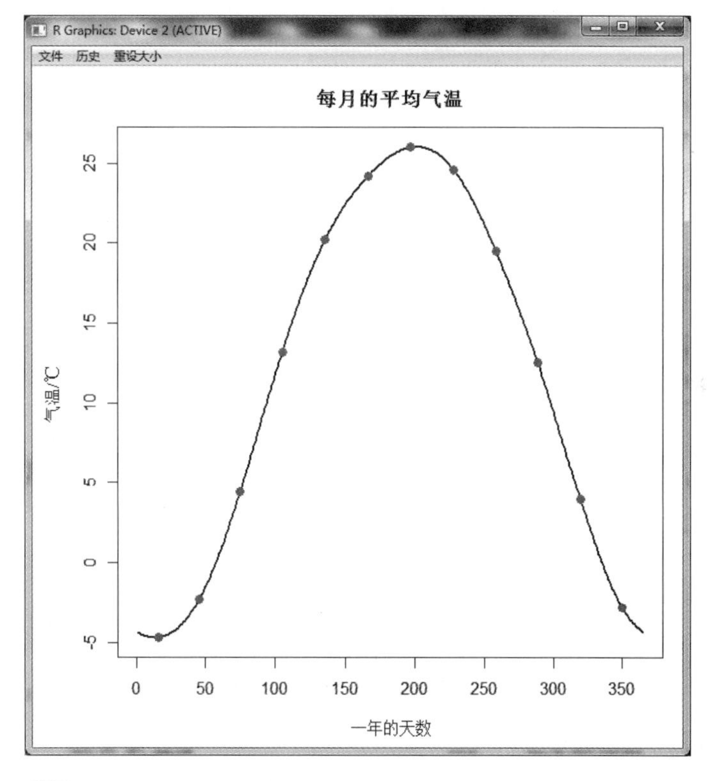

图 14-2　程序运行结果

代码分析：

程序由两部分组成，第一部分是三次样条插值，其中第 1 行输入 12 个月的平均气温，第 2 行输入每月的天数，第 3 行和第 4 行计算每月的中位数，用它代表每月的平均气温。由于周期条件需要起点和终点具有相同的函数值，所以在 x 和 y 中都增加一个点（即第 13 个月的气温）。

程序的第二部分是绘图，绘出三次样条曲线——每月中位数处的平均气温。

绘图中各参数说明如下。

par() 函数用于对图形参数进行永久设置，设置后在退出前一直保持有效。

plot() 为基本绘图函数，其参数意义如下。

type：所绘图形类型，type="1"，代表绘线。

col：绘图的颜色，col="blue"，表示蓝色。

xlab：描述 x 轴标签的字符串。

ylab：描述 y 轴标签的字符串。

main：描述图形标题的字符串。

points() 在已绘图上添加点的函数，x 和 y 表示点的坐标的数值向量，col= "red" 表示点的颜色为红色。

第 15 章

模拟抽样

【实例 15-1】某人住在市内，每天需从家赶往校车停车点乘校车到地处郊外的学校上班。他已了解到校车从学校到市内停车点的运行时间是大约 30min，标准差为 2min 的正态随机变量。校车 6:30 从学校出发，此人大约 7 点到达校车市内停车点。校车离开学校的时刻及概率如下：

校车离校时刻	6:30	6:35	6:40
概率	0.7	0.2	0.1

此人到达停车点的时刻及概率如下：

到停车点时刻	6:58	7:00	7:02	7:04
概率	0.3	0.4	0.2	0.1

试问：他能赶上校车的概率是多少？

分析：设 T_1 为校车从学校出发的时刻，T_2 为校车从学校到达市内停车点的时间，T_3 为此人到达停车点的时刻。T_1、T_2、T_3 均是随机变量，且 $T_2 \sim N$（30，2^2），T_1 和 T_3 的分布规律如表 15-1 和表 15-2 所示。在表中，记 6:30 为 t=0 时刻。

表 15-1　T_1 的分布规律

T_1	0	5	10
P	0.7	0.2	0.1

表 15-2　T_3 的分布规律

T_1	28	30	32	34
P	0.3	0.4	0.2	0.1

很显然，此人能及时赶上校车的充分必要条件是：$T_1+T_2>T_3$，由此得到此人赶上校车的概率为 $P\{T_1+T_2>T_3\}$。

令 t_2 为正态分布 N（30，2^2）的随机数，将 t_2 看成是校车到市内停车运行时间的一个观察值。因此，t_2 可用 rnorm() 函数产生。t_1 和 t_3 是 T_1 和 T_3 的观察值，它们可以用 sample() 函数产生。

当 $t_1+t_2>t_3$，可认为试验成功（能赶上校车）。若在 n 次试验中，有 k 次成功，则用频率 k/n 作为此人能赶上校车的概率，当 n 很大时，频率值与概率值近似相等。

本实例涉及的知识点包括 sample() 函数、rnorm() 函数。

1. sample() 函数

sample() 函数可以用于模拟抽样，其使用格式为：

```
sample(x, size, replace=FALSE, prob=NULL)
```

参数的意义如下。

x：为向量，表示抽样的总体，或为正整数 n，表示样本总体为 1:n。

size：抽样个数，为非负整数。

replace：逻辑变量，取值为 TRUE 表示有放回抽样；取值为 FALSE（默认值）表示无放回抽样。

prob：数值向量，长度与 x 相同，其元素表示 x 中元素出现的概率。

2. rnorm() 函数

rnorm() 函数用于产生正态分布随机数，其使用格式为：

```
rnorm(n,mean=0, sd=1)
```

参数的意义如下。

n：产生随机数的个数。

mean：均值，默认值为 0。

sd：标准差，默认值为 1。

程序代码如图 15-1 所示。

```
1  ch2<-function(n)
2  {
3    t1<-sample(c(0,5,10),size=n,replace=T,prob=c(0.7,0.2,0.1))
4    t2<-rnorm(n,mean=30,sd=2)
5    t3<-sample(c(28,30,32,34),size=n,replace=T,prob=c(0.3,0.4,0.2,0.1))
6    sum(t1+t2>t3)/n
7  }
```

图 15-1 完成实例的程序代码

程序运行结果如图 15-2 所示。

```
> source('~/ch2.R')
> ch2(10000)
[1] 0.6387
```

图 15-2 程序运行结果

代码分析：

本例以 6:30 为 t=0 时刻，校车从学校出发的时刻分别为 6:30、6:35、6:40，差值分别为 0、5、10，概率分别为 0.7、0.2、0.1。此人到达停车点的时刻分别为 6:58、7:00、7:02、7:04，差值分别为 28、30、32、34，概率分别为 0.3、0.4、0.2、0.1。分别代入后，做 10000 次试验，得到此人能赶上校车的概率大约是 0.64。

第 16 章

假设检验

【实例 16-1】视频工程师使用时间压缩技术来缩短播放广告节目所要求的时间，但较短的广告播放是否有效？为探求这个问题，将 300 名大学生分成 3 组：第 1 组共 57 名学生，观看一个包含 30s 的电视广告录像；第 2 组共 74 名学生，观看同样的电视广告录像，但却是历时 24s 时间的压缩版电视广告；第 3 组共 69 名学生，观看的却是历时 20s 时间的压缩版的同样的电视广告。观看录像两天之后，询问这 3 组学生广告中品牌的名称。表 16-1 给出了每组学生回答情况的人数。试分析 3 种类型电视广告播放的效果是否存在显著差异。

表 16-1 播放时长不同的电视广告节目的播放效果

回忆情况	广告类型			合计
	正常版本 /30s	压缩版本 1/24s	压缩版本 2/20s	
能	15	32	10	57
否	42	42	59	143
合计	57	74	69	200

题意分析：

如果三种类型电视广告无显著差异，那么回忆品牌名称的比例应该是相同的，检验结果应该是 H_0：p_1=p_2=p_3，否则是 H_1：p_1、p_2、p_3 不全相同。

本实例涉及的知识点包括假设检验、两类错误、P 值。

1. 假设检验的基本思想

假设检验使用了反证法的思想。为了检验一个“假设”是否成立，可以先假定这个“假设”是成立的，然后看由此将会产生的后果。如果导致一个不合理的现象出现，则表明原先的“假设”不成立。因此，就拒绝这个“假设”。如果由此没有导出不合理的现象发生，则不能拒绝原来的这个“假设”，称原“假设”是相容的。

2. 两类错误

在根据检验做出统计决断时，有可能会犯两类错误：第一类错误是否定了真实的原假设，犯第一类错误的概率定义为 P\{ 否定 $H_0|H_0$ 为真 \}；第二类错误是接受了错误的原假设，犯第二类错误的概率定义为 P\{ 接受 $H_0|H_0$ 为假 \}。（H_0 称为原假设或零假设，与之对应，H_1 为备择假设。）

3. P 值

P 值（p-value）是犯第一类错误的概率，即 P 值 = P\{ 否定 $H_0|H_0$ 为真 \}。

当 P 值小于 0.05 时，则否定原假设；否则，接受原假设。

程序代码如图 16-1 所示。

```
1  ch3<-function()
2  {
3    x<-matrix(c(15,32,10,42,42,59),nrow=2,byrow=T)
4    colnames(x)<-c("30s","24s","20s")
5    rownames(x)<-c("Yes","No")
6    x.yes<-x["Yes",]
7    x.total<-margin.table(x,2)
8    prop.test(x.yes,x.total)
9  }
```

图 16-1　完成实例的程序代码

程序运行结果如图 16-2 所示。

```
> source('~/ch3.R')
> ch3()

        3-sample test for equality of proportions without
        continuity correction

data:  x.yes out of x.total
X-squared = 14.671, df = 2, p-value = 0.0006521
alternative hypothesis: two.sided
sample estimates:
   prop 1    prop 2    prop 3
0.2631579 0.4324324 0.1449275
```

图 16-2　程序运行结果

代码分析：

程序先将表中数据用行排列的矩阵方式输入给 x，再用 margin.table() 函数计算参加测试的总数，最后用 prop.test() 函数做检验。P 值（=0.0006521）远小于 0.05，否定原假设，说明 3 种类型的广告播放是有差异的。从得到的概率来看，采用压缩版 1（24 s）的效果最好。

第 17 章

t 检验

【实例 17-1】在产品检测中，如果平均寿命大于 10000h 则被视为合格产品，现在检测到 10 批次产品，其寿命如下：

10500 9650 11200 12500 12800 11500 11300 10800 12400 11800

试分析这批产品是否合格？（概率 P 值 <0.05 为合格）

本案例涉及的知识点包括 t 检验。

t 检验是重要参数检验方式之一，在 R 语言中用 t.test() 函数完成 t 检验工作，并给出相应的置信区间，其使用格式为：

```
t.test(x, y=NULL, alternative=c("two.sided", "less", "greater"), mu=0,
paired=FALSE, var.equal=FALSE, conf.level=0.95, ...)
```

主要参数意义如下。

x：样本构成的数值向量。

y：样本构成的数值向量，对于单个总体的样本，y 值为 NULL（默认值）。

alternative：备测假设选项，two.sided（默认值）表示双侧检验，less 表示备测假设为“<”的单侧检验，greater 表示备测假设为“>”的单侧检验。

mu：数值，表示原假设，默认值为 0。

conf.level：0 ～ 1 的数值（默认值为 0.95），表示置信水平，用于计算均值的置信空间。

程序代码如图 17-1 所示。

```
1  ch4<-function()
2  {
3    x<-c(10500,9650,11200,12500,12800,11500,11300,10800,12400,11800)
4    mu0<-10000
5    t.test(x,mu=mu0,al="g")
6  }
```

图 17-1　完成实例的程序代码

程序运行结果如图 17-2 所示。

```
> source('~/ch4.R')
> ch4()

        One Sample t-test

data:  x
t = 4.6739, df = 9, p-value = 0.0005811
alternative hypothesis: true mean is greater than 10000
95 percent confidence interval:
 10878.27      Inf
sample estimates:
mean of x
    11445
```

图 17-2　程序运行结果

平均寿命大于 10000h，P 值和置信区间均表明这批产品是合格的。

第 18 章

秩检验与秩和检验

【实例 18-1】为了证明高级语言程序设计课程与学生中学数理基础的相关性，某教师在同时任教的本科班和专科班进行对比试验。试验时间是入学的第一学期，本科班教室备有多媒体投影设备，放映时全部挡住黑板。专科班由教师自备多媒体投影设备，银幕位置不会挡住黑板。本科班采用计划教材，专科班采用自编教材。课程结束后在标准监考情况下同题同时进行测试，按成绩两班合并排序，前 10 名情况如下所示：

本科班			3		5		7	8		10
专科班	1	2		4		6			9	

测试结果证明与学生中学数理基础没有密切联系，本科班不明显优于专科班。（P 值大于 0.05 证明无关。）

本实例涉及的知识点包括秩检验与秩和检验、wilcox.test() 函数。

1. 秩检验与秩和检验

秩就是对样本的排序，在 t 检验中，需要假定样本来自总体 X 服从正态分布，当这一假定无法满足时，采用 t 检验可能会得出错误的结论。当无法判定样本来自总体是否是正态分布时，可以采用符号秩检验或秩和检验。单个总体采用符号秩检验，两个总体采用秩和检验。

2. wilcox.test() 函数

在 R 语言中，wilcox.test() 函数可完成符号秩检验与秩和检验，其使用格式为：

```
wilcox.test(x, y=NULL, alternative=c("two.sided", "less", "greater"), mu=0, paired=FALSE, exact=NULL, correct=TRYE, conf.int=FALSE, conf.level=0.95, ...)
```

其主要参数意义同前，不再重复。

程序代码如图 18-1 所示。

```
1  ch5<-function()
2  {
3    x<-c(3,5,7,8,10)
4    y<-c(1,2,4,6,9)
5    wilcox.test(x,y,alternative="greater")
6  }
```

图 18-1　完成实例的程序代码

程序运行结果如图 18-2 所示。

```
> source('~/ch5.R')
> ch5()

        Wilcoxon rank sum test

data:  x and y
W = 18, p-value = 0.1548
alternative hypothesis: true location shift is greater than 0
```

图 18-2　程序运行结果

代码分析：

本程序有两个总体，应采用秩和检验。秩和检验本质只需排出样本的秩次，而题目中的数据本身就是一个排序，因此可以直接使用。

在 wilcox.test() 函数中参数 alternative="greater"，即表示备测假设为“>”的单侧检验；现在检验结果 P 值（=0.1548）>0.05，接受原假设，即高级语言程序设计课程与学生中学数理基础无关。由于教学方式专科班优于本科班，测试结果专科班的教学效果明显优于本科班。

第19章

分布检验

【实例 19-1】为了研究吸烟是否与患肺癌有关，对 63 位肺癌患者及 43 位非肺癌患者（对照组）调查了其中的吸烟人数，得到表 19-1。试证明吸烟与患肺癌的相关性。

表 19-1 吸烟与患肺癌统计数据

	患肺癌	未患肺癌	合计
吸烟	60	32	92
不吸烟	3	11	14
合计	63	43	106

本实例涉及的知识点包括分布检验、理论分布完全已知情况的 Pearson 拟合优度 X^2 检验、chisq.test() 函数。

1. 分布检验

检验目标是针对分布的类型而不是针对具体的参数的检验称为分布检验。例如，通常假定总体分布具有正态性，而“总体分布为正态”这一断言本身在一定场合下就是可疑的，有待检验。

假设根据某理论、学说甚至假定，某随机变量应当有分布 F，现对 X 进行 n 次观察，得到一个样本 X_1，X_2，…，X_n，要据此检验

$$H_0\text{：}X\text{ 具有理论分布 }F$$

这里虽然没有明确指出对立假设，但可以说，对立假设为

$$H_1\text{：}X\text{ 不具有理论分布 }F$$

本问题的真实含义是估计实测数据与该理论或学说的符合情况，而不在于当认为不符合时，X 可能的分布情况。因此，问题中不明确标出对立假设，反而使人感到提法更为贴近现实。

2. 理论分布完全已知情况的 Pearson 拟合优度 X^2 检验

设 X_1，X_2，…，X_n 为来自 X 的样本，将数轴（$-\infty$，∞）分成 m 个区间：

$$I_1=(-\infty,\ a_1),\ I_2=[a_1,\ a_2),\ \cdots,\ I_m=[a_m-1,\ \infty)$$

记这些区间的理论概率分别为

$$p_1,\ p_2,\ \cdots,\ p_m,\ p_i=P\{X\in I_i\},\ i=1,\ 2,\ \cdots,\ m$$

记 n_i 为 X_1，X_2，…，X_n 中落在区间 I_i 内的个数，则在原假设成立下，n_i 的期望值为 np_i，n_i 与 np_i 的差距（$i=1$，2，…，m）可被视为理论与观察之间偏差的衡量，构造统计量

$$K=\sum_{i=1}^{m}\frac{\left(n_i-np_i\right)^2}{np_i}$$

称 K 为 Pearson X^2 统计量，Pearson 证明了在原假设成立的条件下，当 $n\to\infty$时，K 依分布收敛于自由度为 m−1 的 X^2 分布。

3. chisq.test() 函数

在 R 语言中，使用 chisq.test() 函数计算 Pearson 拟合优度 X^2 检验，其使用格式为：

```
chisq.test(x, y=NULL, correct=TRUE, p=rep(1/length(x), length(x)),
rescale.p=FALSE, simulate.p.value= FALSE, B=2000)
```

参数的意义如下。

x：数值向量或矩阵（用于列联表检验），或者 x 和 y 同时为因子。

y：数值向量，当 x 为矩阵时，则 y 无效。如果 x 为因子，则 y 必须为同样长度的因子。

correct：逻辑变量，取 TRUE（默认值），表示对 2×2 列联表的 P 值做连续型修正；取 FALSE 时，则不做连续型修正。

程序代码及运行情况如图 19-1 所示。

```
1  ch6<-function()
2  {
3    x<-matrix(c(60,3,32,11),nc=2)
4    chisq.test(x,correct=FALSE)
5  }
> source('~/ch6.R')
> ch6()

        Pearson's Chi-squared test

data:  x
X-squared = 9.6636, df = 1, p-value = 0.00188
```

图 19-1　程序代码及运行情况

代码分析：

程序开始用列排列方式矩阵提供数据，然后用 chisq.test() 函数进行检验。检验结果 P 值（=0.001880）小于 0.05，拒绝原假设，也就是说，吸烟与患肺癌是相关的。

第 20 章

回归分析

【实例 20-1】根据经验，在人的身高相等的情况下，血压的收缩压 Y（mmHg）与体重 X_1（kg）、年龄 X_2（岁数）有关。现收集了 13 名男子的数据如表 20-1 所示。试建立 Y 关于 X_1、X_2 的线性回归方程。

表 20-1 13 名男子的数据

序号 \ 项目	体重 X_1/kg	年龄	收缩压 Y/mmHg	序号 \ 项目	体重 X_1/kg	年龄	收缩压 Y/mmHg
1	76.0	50	120	8	79.0	50	125
2	91.5	20	141	9	85.0	40	132
3	85.5	20	124	10	76.5	55	123
4	82.5	30	126	11	82.0	40	132
5	79.0	30	117	12	95.0	40	155
6	80.5	50	125	13	92.5	20	147
7	74.5	60	123				

本实例涉及的知识点包括回归分析、线性回归模型、线性回归模型的计算函数。

1. 回归分析

回归分析是一种统计学上分析数据的方法，目的在于了解两个或多个变量是否相关、相关方向与强度，并建立数学模型以便观察特定变量来预测研究者感兴趣的变量。

2. 线性回归模型

线性回归是回归分析的一种，回归分析是建立因变量 Y 与自变量 X 之间关系的模型。一元线性回归使用一个自变量 X，多元回归是使用超过一个自变量，如 X_1，X_2，…，X_p（$p \geqslant 2$）。

设 X_1，X_2，…，X_p 为自变量，Y 为因变量，它们之间的相关关系可以用如下线性关系来描述

$$Y=\beta_0+\beta_1X_1+\cdots+\beta_pX_p+\varepsilon$$

其中 $\varepsilon\sim N(0，\Sigma_2)$，$\beta_0$，$\beta_1$，…，$\beta_p$ 和 Σ_2 是未知参数，若 p=1，则称为一元线性回归模型，否则称为多元线性回归模型。

3. 线性回归模型的计算函数

（1）lm() 函数

在 R 语言中，lm() 函数可以完成多元线性回归系数的估计、回归系数和回归方程的检验等工作，其使用格式为：

```
lm(formula, data, subset, weights, na.action, method= "qr", model=TRUE,
x=FALSE, y=FALSE, qr=TRUE, singular.ok=TRUE, contrasts=NULL, offset, ...)
```

部分参数的意义如下。

formula：模型公式，形如 $y\sim1+x_1+x_2$，表示常数项、X_1 的系数和 X_2 的系数。如果去

掉公式中的1，其意义不变。如果需要拟合成齐次线性模型，其公式改为$y\sim0+x_1+x_2$的形式，或者改为$y\sim-1+x_1+x_2$的形式。

（2）summary() 函数

lm() 函数的返回值称为拟合结果的对象，本质上是一个具有类属性的 lm 的列表，有 model、coeffcients、residuals 等成员。lm() 的结果非常简单，为了获得更多的信息，通常会与 summary() 函数一起使用。

summary() 函数的使用格式为：

```
summary(object, correlation=FALSE, symbolic.cor=FALSE,...)
```

object 为 lm() 函数生成的对象。

程序代码如图 20-1 所示。

```
1  ch7<-function()
2  {
3    blood<-data.frame(
4    x1=c(76.0,91.5,85.5,82.5,79.0,80.5,74.5,
5         79.0,85.0,76.5,82.0,95.0,92.5),
6    x2=c(50,20,20,30,30,50,60,50,40,55,40,40,20),
7    Y=c(120,141,124,126,117,125,123,125,132,123,132,155,147))
8    lm.sol<-lm(Y~1+x1+x2,data=blood)
9    summary(lm.sol)
10 }
```

图 20-1　完成实例的程序代码

程序运行结果如图 20-2 所示。

```
> source('~/ch7.R')
> ch7()

Call:
lm(formula = Y ~ 1 + x1 + x2, data = blood)

Residuals:
    Min      1Q  Median      3Q     Max 
-4.0404 -1.0183  0.4640  0.6908  4.3274 

Coefficients:
             Estimate Std. Error t value Pr(>|t|)    
(Intercept) -62.96336   16.99976  -3.704 0.004083 ** 
x1            2.13656    0.17534  12.185 2.53e-07 ***
x2            0.40022    0.08321   4.810 0.000713 ***
---
Signif. codes:  
0 ‘***’ 0.001 ‘**’ 0.01 ‘*’ 0.05 ‘.’ 0.1 ‘ ’ 1

Residual standard error: 2.854 on 10 degrees of freedom
Multiple R-squared:  0.9461,	Adjusted R-squared:  0.9354 
F-statistic: 87.84 on 2 and 10 DF,  p-value: 4.531e-07
```

图 20-2　程序运行结果

代码分析：

在计算结果中，第一部分（call）为函数所调用的模型，这里列出函数使用的模型。

第二部分（Residuals）为残差，列出了残差的最小值、1/4 分位值、中位值、3/4 分位值和最大值。

第三部分（Coefficients）为系数，其中 Estimate 表示估计值，Std.Error 表示估计值

的标准差，t value 表示 t 统计量，Pr（>|t|）表示对应 t 统计量的 P 值。还有显著性标记，其中 *** 表明极为显著，** 表明高度显著，* 表明显著，• 表明不太显著，没有记号为不显著。

第四部分中，Residual standard error 表示残差的标准差，其自由度为 $n-p-1$。Multiple R-Squared 表示相关系数的平方，也就是 R^2。Adjusted R-Squared 表示修正相关系数的平方，这个值会小于 R^2，其目的是不要轻易做出自变量与因变量相关的判断。F-statistic 表示 F 统计量，其自由度为（p，$n-p-1$），p-value 表示 F 统计量对应的 P 值。

从计算结果可以看出，回归系数与回归方程的检验都是显著的，因此，回归方程为

$$Y=-62.96336+2.13656X_1+0.40022X_2$$

第21章

主成分分析

【实例 21-1】在某中学随机抽取某年级 30 名学生，测量其身高（X_1）、体重（X_2）、胸围（X_3）和坐高（X_4），数据如表 21-1 所示。试对这 30 名中学生身体的 4 项指标数据做主成分分析。

表 21-1　30 名中学生的 4 项指标数据

序号＼项目	X_1	X_2	X_3	X_4	序号＼项目	X_1	X_2	X_3	X_4
1	148	41	72	78	16	152	35	73	79
2	139	34	71	76	17	149	47	82	79
3	160	49	77	86	18	145	35	70	77
4	149	36	67	79	19	160	47	74	87
5	159	45	80	86	20	156	44	78	85
6	142	31	66	76	21	151	42	73	82
7	153	43	76	83	22	147	38	73	78
8	150	43	77	79	23	157	39	68	80
9	151	42	77	80	24	147	30	65	75
10	139	31	68	74	25	157	48	80	88
11	140	29	64	74	26	151	36	74	80
12	161	47	78	84	27	144	36	68	76
13	158	49	78	83	28	141	30	67	76
14	140	33	67	77	29	139	32	68	73
15	137	31	66	73	30	148	38	70	78

本实例涉及的知识点包括主成分分析、主成分分析的计算函数、读数据文件、写数据文件。

1. 主成分分析

主成分分析是将多指标化为少数几个综合指标的一种统计分析方法，它是通过降维技术把多个变量化成少数几个主成分的方法。这些主成分能够反映原始变量的绝大部分信息，它们通常表示为原始变量的线性组合。

2. 主成分分析的计算函数

（1）princomp() 函数

princomp() 函数的功能是完成主成分分析，其使用格式有两种，一种是公式形式，如下：

```
princomp(formula, data=NULL, subset, na.action, ...)
```

参数的意义如下。

formula：公式，类似回归分析或方差分析，但无响应变量。

data：数据框。

subset：可选向量，表示选择的样本子集。

na.action：函数，表示缺失数据（NA）的处理方法。

princomp() 函数的另一种使用格式是矩阵形式，如下：

```
princomp(x,cor=FALSE,scores=TRUE,covmat=NULL,subset=rep_len(TRUE,nrow
(as.matrix(x))),...)
```

参数的意义如下。

x：数值矩阵或数据框，即用于主成分分析样本。

cor：逻辑变量，取 TRUE 表示用样本的相关矩阵做主成分分析。否则，取默认值 FALSE 表示用样本的协方差做主成分分析。

scores：逻辑变量，表示是否计算各主成分的分量，即样本的主成分得分，默认值为 TRUE。

covmat：协方差阵，或者为 cov.wt() 提供的协方差列表。如果数据不用 x 提供，可由协方差阵提供。

princomp() 函数的返回值为一个列表，包含：

sdev：各主成分的标准差。

loadings：载荷矩阵。

center：各指标的样本均值。

scale：各指标的样本人均产值。

n.obs：观测样本的个数。

scores：主成分得分，只有当 scores=TRUE 时提供。

如果要显示更多的内容，需要用到 summary() 函数。

（2）summary() 函数

summary() 函数与回归分析中的用法相同，其目的是提取主成分的信息，其作用格式为：

```
summary(object, loadings=FALSE, cutoff=0.1,...)
```

参数的意义如下。

object：princomp() 函数生成的对象。

loadings：逻辑变量，表示是否显示载荷矩阵。

cutoff：数值，当载荷矩阵中元素的绝对值小于此值时，将不显示相应的元素。

（3）loadings() 函数

loadings() 函数是显示主成分分析或因子分析中载荷矩阵，其使用格式为：

```
loadings(x)
```

x：princomp() 函数或 factanal() 函数生成的对象。

（4）predict() 函数

predict() 函数用于计算主成分得分，其使用格式为：

```
predict(object,newdata, ...)
```

参数的意义如下。

object：princomp() 函数生成的对象。

newdata：由预测值构成的数据框，默认值为全体观测样本。

（5）screeplot() 函数

screeplot() 函数的主要功能是画出主成分的碎石图，其使用格式为：

```
    screeplot(x, npcs=min(10, length(x$sdev)), type=c("barplot", "lines"),
main=deparse(substitute(x)), ...)
```

参数的意义如下。

x：包含标准差的对象，例如为 princomp() 函数生成的对象。

npcs：整数，表示画出的主成分的个数。

type：字符串，描述所画碎石图的类型，其中“barplot”（默认值）为直方图，“lines”为折线图。

main：字符串，表示题图。

（6）biplot() 函数

biplot() 函数的功能是画出数据关于主成分的散点图和原坐标在主成分下的方向，其使用格式为：

```
    biplot(x, choices=1:2, scale=1, pc.biplot=FALSE, ...)
```

参数的意义如下。

x：princomp() 函数生成的对象。

choices：二维数值向量，表示选择第几主成分，默认值为 1 ：2，表示第 1、第 2 主成分。

scale：[0，1] 之间的数值，默认值 1，表示变量的规模为 lambda^scale，观测值规模为 lambda^(1-scale)。

pc.biplot：逻辑变量，取 TRUE 表示用 Gabriel（1971）提出的画图方法，默认值为 FALSE。

3. 读数据文件

在应用统计学中，数据量一般都比较大，变量也很多。仅用向量、矩阵、数据框等提供数据，只适用于对少量数据、少量变量的分析，对于大量数据和变量，用以上方法建立数据集并不可取。对于大量数据和变量，一般应先在其他软件中输入（或数据来源是其他软件的输出结果），再读到 R 语言编写的程序中进行处理。

R 语言有多种读取数据文件的方法，下面仅介绍读纯文本文件的两个函数。

（1）read.table() 函数

read.table() 函数是读取表格形式的文件，返回值仍为数据框。

read.table() 函数的使用格式为：

```
    read.table(file, header=FALSE, sep= " ", quote= "\"", dec= ".",
row.names, col.names, as.is=!stringsAsFactors, na.strings= "NA",
colClasses=NA, nrows=-1, skip=0, check.names=TRUE, fill=!blank.
```

```
lines.skip, strip.white=FALSE, blank.lines.skip=TRUE, comment.
char= "#", allowEscapes=FALSE, flush=FALSE, stringsAsFactors=default.
stringsAsFactors(), fileEncoding= " ", encoding= "unknown", text)
```

参数比较复杂，其中几个主要参数的意义如下。

file：文件名，数据以表格形式保存在文件中。

header：逻辑变量，当数据文件的第 1 行为表头时，则取值为 TRUE。当数据包含表头且第 1 列的数据记录序列号，则取值为 FALSE（默认值）。

sep：分隔数据的字符，通常用空格作为分隔符。

row.names：向量，表示行名（也就是样本名）。

col.names：向量，表示列名（也就是变量名）。如果数据文件中无表头，则变量名为“V1”“V2”的形式。

skip：非负整数，表示读数据时跳过的行数。

（2）scan() 函数

scan() 函数直接读纯文本文件数据。scan() 函数读文件的一般格式为：

```
scan(file= " ", what=double(), nmax=-1, n=-1, sep= " ", quote=if(identical(sep,
"\n")) " " else "\", dec= ".", skip=0, nlines=0, na.strings= "NA", flush=FALSE,
fill=FALSE, strip.white=FALSE, quiet=FALSE,blank.lines.skip=TRUE, multi.
line=TRUE, comment.char= " ", allowEscapes=FALSE, fileEncoding= " ",
encoding= "unknown", text)
```

主要参数的意义如下。

file：所读文件的文件名。

what：函数返回值的类型，有 numeric（数值型）、logical（逻辑型）、character（字符型）和 list（列表）等，其中数值型的初始值为 0，字符型的初始值为“”。

sep：分隔符。

skip：跳过文件的开始不读行数。

4. 写数据文件

同样，R 语言也有多种写数据文件的方法。

（1）write() 函数

write() 函数将数据写入纯文本文件，其使用格式为：

```
write(x,file= "data",ncolumns=if(is,character(x)) 1 else
5,append=FALSE)
```

主要参数的意义如下。

x：需要写入文件的数据，通常是矩阵或向量。

file：文件名（默认值为“data”）。

ncolumns：列数，如果是字符型数据，默认值为 1，如果为数值型数据，默认值为 5，可以根据需要更改这些数值。

append：逻辑变量，当它为 TRUE 时，表示在原有文件上添加数据；否则（FALSE，默认值），写一个新文件。例如：

```
>x<matrix(1:12,ncol=6)
>x
     [,1] [,2] [,3] [,4] [,5] [,6]
[1,]    1    3    5    7    9   11
[2,]    2    4    6    8   10   12
>write(x,file= "Xdata.txt")
```

打开 Xdata.txt 文件，文件中的内容为：

```
1 2 3 4 5
6 7 8 9 10
11 12
```

这表明在写数据的过程中，是将数据按列写，在默认的情况下，每行 5 个数据。

（2）write.table() 函数和 write.csv() 函数

write.table() 函数将数据写成表格形式的文本文件，write.csv() 函数将数据写成 CSV 格式的 Excel 表格，其使用格式为：

```
write.table(x,file= " ",append=FALSE,quote=TRUE,sep= " ",eol= "\n",na=
"NA",dec= ".", row.names=TRUE,col.names=TRUE,qmethod=c("escape", "double"),
fileEncoding= " " )
write.csv(...)
write.csv2(...)
```

主要参数的意义如下。

x：需要写入文件的数据，通常是矩阵或数据框。

file：文件名。

append：逻辑变量，当取值为 TRUE 时，则在原文件基础上添加数据；否则（FALSE，默认值），写一个新文件。

sep：分隔数据的字符，默认值为空格。例如：

```
>df<-data.frame(
   Name=c("Alice", "Becka", "James", "Jeffrey",  "John"),
   Sex=c("F", "F", "M", "M", "M"),
   Age=c(13,13,12,13,12),
   Height=c(56.5,65.3,57.3,62.5,59.0),
   Weight=c(84.0,98.0,83.0,84.0,99.5)
   )
>write.table(df,file= "abc.txt")
>write.csv(df,file= "abc.csv")
```

实例 21-1 可以分以下 5 步进行。

步骤 1：将表中数据生成一个 .dat 数据文件。

为了使主程序简洁，这里不采用在程序代码中使用向量、矩阵和数据框的形式输入数据结构，而是采用上面介绍的方法，写入数据生成一个以“.dat”为扩展名的数据文件。具体方法是：在“R.Studio”的代码窗口输入图 21-1 所示代码。

```
1  df<-data.frame(
2  + X1=c(148,139,160,149,159,142,153,150,151,139,
3         140,161,158,140,137,152,149,145,160,156,
4         151,147,157,147,157,151,144,141,139,148),
5  + X2=c(41,34,49,36,45,31,43,43,42,31,
6         29,47,49,33,31,35,47,35,47,44,
7         42,38,39,30,48,36,36,30,32,38),
8  + X3=c(72,71,77,67,80,66,76,77,77,68,
9         64,78,78,67,66,73,82,70,74,78,
10        73,73,68,65,80,74,68,67,68,70),
11 + X4=c(78,76,86,79,86,76,83,79,80,74,
12        74,84,83,77,73,79,79,77,87,85,
13        82,78,80,75,88,80,76,76,73,78)
14 + )
15 write.table(df,file="ch8.dat")
```

图 21-1　程序代码

单击“保存”按钮，输入文件名 ch8.dat，单击“运行”按钮，生成“ch8.dat”数据文件。可以在保存的“文档”栏目下找到，双击将其打开，如图 21-2 所示。

```
"X1" "X2" "X3" "X4"
"1" 148 41 72 78
"2" 139 34 71 76
"3" 160 49 77 86
"4" 149 36 67 79
"5" 159 45 80 86
"6" 142 31 66 76
"7" 153 43 76 83
"8" 150 43 77 79
"9" 151 42 77 80
"10" 139 31 68 74
"11" 140 29 64 74
"12" 161 47 78 84
"13" 158 49 78 83
"14" 140 33 67 77
"15" 137 31 66 73
"16" 152 35 73 79
"17" 149 47 82 79
"18" 145 35 70 77
"19" 160 47 74 87
"20" 156 44 78 85
"21" 151 42 73 82
"22" 147 38 73 78
"23" 157 39 68 80
"24" 147 30 65 75
"25" 157 48 80 88
"26" 151 36 74 80
"27" 144 36 68 76
"28" 141 30 67 76
"29" 139 32 68 73
"30" 148 38 70 78
```

图 21-2　数据文件 ch8.dat 内容

步骤 2：输入图 21-1 所示的程序代码后，只运行“summary(student.pr，loadings=TRUE)”。

步骤 3：输入图 21-1 所示的程序代码后，只运行“predict(student.pr)”。

步骤 4：输入图 21-1 所示的程序代码后，只运行“screeplot(student.pr，type="lines")”。

步骤 5：输入图 21-1 所示的程序代码后，只运行“biplot(student.pr，scale=0.5)”。

完成实例的程序代码如图 21-3 所示。

```
1  ch8<-function()
2  {
3    student<-read.table("ch8.dat")
4    student.pr<-princomp(student,cor=TRUE)
5    summary(student.pr,loadings=TRUE)
6    predict(student.pr)
7    screeplot(student.pr,type="lines")
8    biplot(student.pr,scale=0.5)
9  }
```

图 21-3　完成实例的程序代码

方法是先在第 6 ～ 8 行前面加上注释符号“#”，就可运行第 5 句；然后删去第 6 句前面的注释符号“#”，就可运行第 6 句；第 7 句和第 8 句操作相同。

为了减少查找文件时间，最好将主文件“ch8.R”和数据文件“ch8.dat”放在同一个文件夹中。

代码分析：

在程序中，选择参数 cor=TRUE 表示用相关矩阵做主成分分析，相当于对数据做标准化变换。使用公式形式 princomp(～ *X*1+*X*2+*X*3+*X*4，…)，可以达到目的。

直接输入 student.pr，只能输出标准差，并不能得到全部的计算结果。可用 student.pr$loadings 的方式输出载荷矩阵，更方便的方法是使用 summary() 函数。

用 summary() 函数输出结果如图 12-4 所示。

```
> source('~/ch8/ch8.R')
> ch8()
Importance of components:
                          Comp.1     Comp.2     Comp.3     Comp.4
Standard deviation     1.8817805 0.55980636 0.28179594 0.25711844
Proportion of Variance 0.8852745 0.07834579 0.01985224 0.01652747
Cumulative Proportion  0.8852745 0.96362029 0.98347253 1.00000000

Loadings:
   Comp.1 Comp.2 Comp.3 Comp.4
X1  0.497  0.543  0.450  0.506
X2  0.515 -0.210  0.462 -0.691
X3  0.481 -0.725 -0.175  0.461
X4  0.507  0.368 -0.744 -0.232
```

图 21-4　程序运行结果之一

因为 summary() 函数的参数中选取 loadings=TRUE，所以显示结果列出载荷矩阵。得到的主成分与原始变量的线性关系如下。

$$Z_1^* = 0.497X_1^* + 0.515X_2^* + 0.481X_3^* + 0.507X_4^*$$
$$Z_2^* = 0.543X_1^* - 0.210X_2^* - 0.725X_3^* + 0.368X_4^*$$

由于前两个主成分的累积贡献率已达到 96%，另外两个主成分可以舍去，达到降维的目的。

第1主成分对应系数的符号都相同，其值在0.5左右，它反映了中学生身材魁梧程度：身体高大的学生，他的4个部分的尺寸都较大，因此，第1主成分的值就较大；而身体矮小的学生，他的4个部分的尺寸都较小，因此，第1主成分的值就较小。此时可称第1主成分为大小因子。

第2主成分是高度（身高、坐高）与围度（体重、胸围）之差，第2主成分值大的学生声明该学生“细高”，而第2主成分值小的学生表明该学生“矮胖”。因此，称第2主成分为体型因子。

用predict()函数计算主成分得分结果如图21-5所示。

```
> source('~/ch8/ch8.R')
> ch8()
        Comp.1      Comp.2      Comp.3       Comp.4
1  -0.06990950 -0.23813701  0.35509248 -0.266120139
2  -1.59526340 -0.71847399 -0.32813232 -0.118056646
3   2.84793151  0.38956679  0.09731731 -0.279482487
4  -0.75996988  0.80604335  0.04945722 -0.162949298
5   2.73966777  0.01718087 -0.36012615  0.358653044
6  -2.10583168  0.32284393 -0.18600422 -0.036456084
7   1.42105591 -0.06053165 -0.21093321 -0.044223092
8   0.82583977 -0.78102576  0.27557798  0.057288572
9   0.93464402 -0.58469242  0.08814136  0.181037746
10 -2.36463820 -0.36532199 -0.08840476  0.045520127
11 -2.83741916  0.34875841 -0.03310423 -0.031146930
12  2.60851224  0.21278728  0.33398037  0.210157574
13  2.44253342 -0.16769496  0.46918095 -0.162987830
14 -1.86630669  0.05021384 -0.37720280 -0.358821916
15 -2.81347421 -0.31790107  0.03291329 -0.222035112
16 -0.06392983  0.20718448 -0.04334340  0.703533624
17  1.55561022 -1.70439674  0.33126406  0.007551879
18 -1.07392251 -0.06763418 -0.02283648  0.048606680
19  2.52174212  0.97274301 -0.12164633 -0.390667991
20  2.14072377  0.02217881 -0.37410972  0.129548960
21  0.79624422  0.16307887 -0.12781270 -0.294140762
22 -0.28708321 -0.35744666  0.03962116  0.080991989
23  0.25151075  1.25555188  0.55617325  0.109068939
24 -2.05706032  0.78894494  0.26552109  0.388088643
25  3.08596855 -0.05775318 -0.62110421 -0.218939612
26  0.16367555  0.04317932 -0.24481850  0.560248997
27 -1.37265053  0.02220972  0.23378320 -0.257399715
28 -2.16097778  0.13733233 -0.35589739  0.093123683
29 -2.40434827 -0.48613137  0.16154441 -0.007914021
30 -0.50287468  0.14734317  0.20590831 -0.122078819
```

图21-5 程序运行结果之二

从第1主成分的得分来看，较大得分的样本是25号、3号和5号，说明这几个学生身材魁梧；而较小得分的样本是11号、15号和29号，说明这几个学生身材瘦小。

从第2主成分的得分来看，较大得分的几个样本是23号、19号和4号，因此说明这几个学生属于“细高”型；而17号、8号和2号样本的主成分得分较小，说明这几个学生身材属于“矮胖”型。

用screeplot()函数画出主成分的折线型碎石图，如图21-6所示。

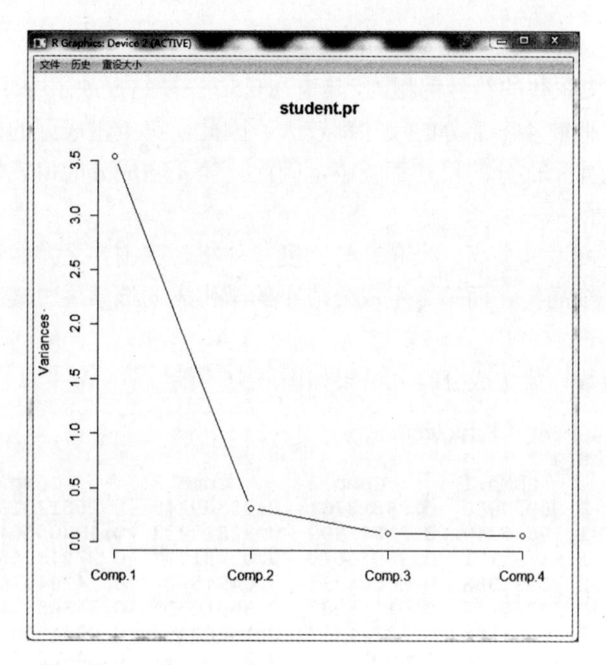

图 21-6 主成分的折线型碎石图

用 biplot() 函数画出的图形如图 21-7 所示。

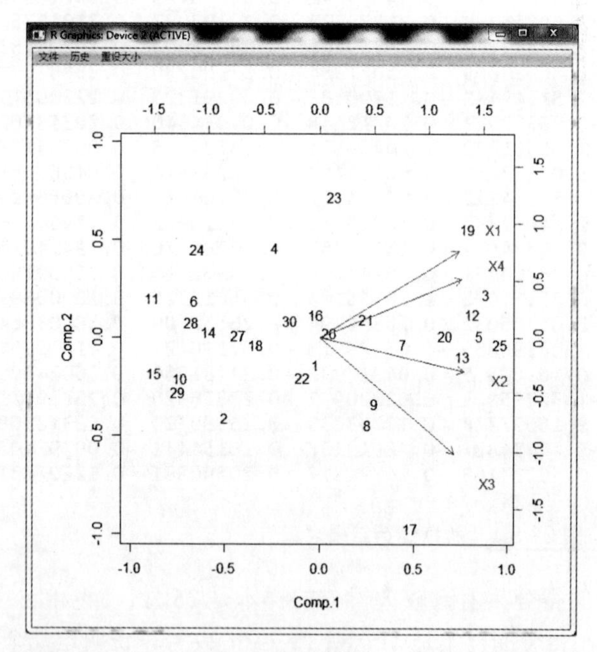

图 21-7 biplot() 函数图形

图 21-7 是在默认情况下绘出的，从该散点图可以很容易看出：高大魁梧型学生，如 25 号学生；身材瘦小型学生，如 11 号或 15 号；“细高”型学生，如 23 号；“矮胖”型学生，如 17 号；正常体型学生，如 26 号，等等。

第22章

样本均值和样本协方差矩阵

【实例 22-1】表 22-1 列出我国主要城市 2003 年的空气质量状况，其指标有可吸入颗粒物（单位：mg/m^3）、二氧化硫（单位：mg/m^3）、二氧化氮（单位：mg/m^3）和空气质量达到及好于二级的天数（单位：天）。以该数据为例，计算样本均值和样本协方差矩阵。

表 22-1　2003 年我国主要城市空气质量状况

城市	可吸入颗粒物（PM10）	二氧化硫（SO_2）	二氧化氮（NO_2）	空气质量在二级及其以上的天数
北京	0.141	0.061	0.072	224
天津	0.113	0.074	0.052	264
石家庄	0.175	0.152	0.044	211
太原	0.172	0.099	0.031	181
呼和浩特	0.116	0.039	0.046	286
沈阳	0.135	0.052	0.036	298
长春	0.098	0.012	0.022	342
哈尔滨	0.121	0.043	0.065	297
上海	0.097	0.043	0.057	325
南京	0.120	0.030	0.049	297
杭州	0.119	0.049	0.056	293
合肥	0.100	0.012	0.025	287
福州	0.080	0.008	0.034	344
南昌	0.100	0.051	0.034	315
济南	0.149	0.064	0.046	214
郑州	0.107	0.050	0.033	308
武汉	0.133	0.049	0.052	246
长沙	0.135	0.081	0.038	245
广州	0.099	0.059	0.072	314
南宁	0.072	0.047	0.032	348
海口	0.030	0.009	0.013	365
重庆	0.147	0.115	0.046	237
成都	0.118	0.052	0.046	312
贵阳	0.104	0.089	0.019	351
昆明	0.086	0.045	0.033	363
拉萨	0.065	0.002	0.029	353
西安	0.136	0.057	0.035	252
兰州	0.174	0.086	0.050	207
西宁	0.139	0.031	0.031	261
银川	0.132	0.063	0.037	291
乌鲁木齐	0.127	0.097	0.055	282

若数据不是太多，可以把数据的输入放在主程序之内。如果数据很多（例如使用 R 的数据集），就要采用上面实例的做法。针对本实例，采用直接将代码输入的方法进行。

本实例涉及的知识点包括随机向量、概率密度函数、多元正态分布、样本均值、样本协方差矩阵、样本均值和样本协方差矩阵的计算。

1. 随机向量

随机向量是由随机变量组成的向量，例如，$X=(X_1, X_2, \cdots, X_p)^T$ 为 p 维随机向量，其中 X_i 为一维随机变量。

2. 概率密度函数

设 $X=(X_1, X_2, \cdots, X_p)^T$，如果对 p 维向量 $x^{(1)}, x^{(2)}, \cdots, x^{(k)}, \cdots$，有

$$P\{X=x^{(k)}\}=p_k, \quad k=1, 2, \cdots$$

则称 X 为离散型随机向量，称 p_k 为 X 的分布律。

如果存在非负整数 $f(x)=f(x_1, x_2, \cdots, x_p)$，使得

$$F(x)=\int_{-\infty}^{x_1}\cdots\int_{-\infty}^{x_p} f(t_1, t_2, \cdots, t_p)\,\mathrm{d}t_1\mathrm{d}t_2\cdots\mathrm{d}t_p$$

则称 X 为连续型随机向量，称 $f(x)$ 为概率密度函数。

3. 多元正态分布

对于一元正态分布的随机变量 $X \sim N(\mu, \sigma^2)$，则概率密度函数为

$$f(x)=\frac{1}{\sqrt{2\pi\sigma}}\exp\left\{-\frac{(x-\mu)^2}{2\sigma^2}\right\}$$

可改写为

$$f(x)=\frac{1}{(2\pi)^{\frac{1}{2}}(\sigma^2)^{\frac{1}{2}}}\exp\left\{-\frac{1}{2}(x-\mu)(\sigma^2)^{-1}(x-\mu)\right\}$$

多元正态分布是一元正态分布的推广。设 $X=(X_1, X_2, \cdots, X_p)^T$ 为 p 维随机向量，其概率密度函数定义为

$$f(x)=\frac{1}{(2\pi)^{\frac{p}{2}}\left|\Sigma\right|^{\frac{1}{2}}}\exp\left\{-\frac{1}{2}(x-\mu)^T\Sigma^{-1}(x-\mu)\right\}$$

$x=(x_1, x_2, \cdots, x_p)^T$，$\mu=(\mu_1,\mu_2,\cdots,\mu_p)^T$ 为 p 维向量，$\Sigma(\sigma_{ij})p\times p$ 为 p 阶矩阵，$|\Sigma|$ 为 Σ 的行列式。

类似于一元正态分布，多元正态分布具有如下性质：

$$E(X)=\mu, \quad \mathrm{var}(X)=\Sigma$$

即 μ 为均值，Σ 为协方差矩阵，记$X \sim N_p(\mu, \Sigma)$。

由 $F(x)$ 可知，对多元正态分布的概率密度函数 $f(x)$ 做积分，就可以得到多元正态分布函数的分布函数。

4. 样本均值

设 X 为 p 维随机变量，$X^{(1)}$，$X^{(2)}$，…，$X^{(n)}$ 为来自总体 X 的样本，则样本均值定义为:

$$\bar{X}=\frac{1}{n}\sum_{i=1}^{n}X^{(i)}$$

进一步，如果总体 X 为正态分布 $X \sim N_p(\mu, \Sigma)$，则有

$$\bar{X} \sim N_p\left(\mu, \frac{1}{n}\Sigma\right)$$

并由公式$(X-\mu)^{\mathrm{T}}\Sigma^{-1}(X-\mu) \sim \chi^2(p)$得到

$$n(\bar{X}-\mu)^{\mathrm{T}}\Sigma^{-1}(\bar{X}-\mu) \sim \chi^2(p)$$

5. 样本协方差矩阵

设 X 为 p 维随机变量，$X^{(1)}$，$X^{(2)}$，…，$X^{(n)}$ 为来自总体 X 的样本，则样本的协方差矩阵定义为

$$S=\frac{1}{n-1}\sum_{i=1}^{n}\left(X^{(i)}-\bar{X}\right)\left(X^{(i)}-\bar{X}\right)^{\mathrm{T}}$$

其中 $\bar{X}$ 为样本均值。

6. 样本均值和样本协方差矩阵的计算

在 R 语言中，样本协方差矩阵的计算仍然使用 var() 函数或 cov() 函数。当 X 为数值矩阵（每一行表示一个样本）或数据框时，var(X) 或 cov(X) 计算样本的协方差矩阵。

在计算样本均值时，不能直接使用 mean() 函数。当 X 为数值矩阵（每一行表示一个样本）时，可以使用 colMeans() 函数或 sapply() 函数计算，使用格式如下：

```
colMeans(X)
sapply(X, 2, mean)
```

当 X 为数据框时，可以使用 colMeans() 函数或 sapply() 函数计算，使用格式如下：

```
colMeans(X)
sapply(X, mean)
```

程序代码如图 22-1 所示。

```
1   ch9<-function()
2   {
3     df<-data.frame(
4       PM10=c(0.141,0.113,0.175,0.172,0.116,0.135,0.098,0.121,
5              0.097,0.120,0.119,0.100,0.080,0.100,0.149,0.107,
6              0.133,0.135,0.099,0.072,0.030,0.147,0.118,0.104,
7              0.086,0.065,0.136,0.174,0.139,0.132,0.127),
8       SO2=c(0.061,0.074,0.152,0.099,0.039,0.052,0.012,0.043,
9             0.043,0.030,0.049,0.012,0.008,0.051,0.064,0.050,
10            0.049,0.081,0.059,0.047,0.009,0.115,0.052,0.089,
11            0.045,0.002,0.057,0.086,0.031,0.063,0.097),
12      NO2=c(0.072,0.052,0.044,0.031,0.046,0.036,0.022,0.065,
13            0.057,0.049,0.056,0.025,0.034,0.034,0.046,0.033,
14            0.052,0.038,0.072,0.032,0.013,0.046,0.046,0.019,
15            0.033,0.029,0.035,0.050,0.031,0.037,0.055),
16      Fate=c(224,264,211,181,286,298,342,297,325,297,293,
17             287,344,315,214,308,246,245,314,348,365,
18             237,312,351,363,353,252,207,261,291,282)
19    )
20    colMeans(df)
21    cov(df)
22    cor(df)
23  }
```

图 22-1　完成实例的程序代码

程序运行结果如图 22-2 至图 22-4 所示。

代码分析：

程序中自定义函数体内第 1 句为读数据框文件。

第 2 句为计算样本均值，其结果如图 22-2 所示。

```
> source('~/ch9/ch9.R')
> ch9()
       PM10         SO2         NO2        Fate
 0.11741935  0.05551613  0.04161290 287.51612903
```

图 22-2　计算样本均值

第 3 句为计算协方差矩阵，其结果如图 22-3 所示。

```
> source('~/ch9/ch9.R')
> ch9()
           PM10        SO2        NO2       Fate
PM10  1.0000000  0.7147588  0.3794520 -0.9027560
SO2   0.7147588  1.0000000  0.2784245 -0.6351192
NO2   0.3794520  0.2784245  1.0000000 -0.3706865
Fate -0.9027560 -0.6351192 -0.3706865  1.0000000
```

图 22-3　计算协方差矩阵

第 4 句为计算相关系数，其结果如图 22-4 所示。

```
> source('~/ch9/ch9.R')
> ch9()
              PM10           SO2           NO2         Fate
PM10  0.0010271183  0.0007589097  0.0001759677   -1.4543570
SO2   0.0007589097  0.0010975914  0.0001334731   -1.0577086
NO2   0.0001759677  0.0001334731  0.0002093785   -0.2696269
Fate -1.4543569892 -1.0577086022 -0.2696268817 2526.8580645
```

图 22-4　计算相关系数

第23章

聚类分析

【实例 23-1】表 23-1 列出了 10 名学生 7 科成绩数据，这 7 科分别是语文（X_1）、数学（X_2）、物理（X_3）、化学（X_4）、生物（X_5）、英语（X_6）、政治（X_7）。试根据这些数据分别用最长距离法、类平均法、重心法和 Ward.D 方法对各名学生做聚类分析。

表 23-1 10 名学生 7 科成绩数据

姓名＼科目	语文	数学	物理	化学	生物	英语	政治
王明	87	90	96	100	90	85	76
赵青	76	98	96	98	86	78	82
李伟	77	92	90	100	88	72	68
张杰	85	87	92	97	82	82	73
马丽	89	87	100	97	85	91	86
孙立	83	62	100	95	81	79	75
易兵	78	65	90	94	83	68	66
章琴	91	90	99	100	87	95	90
刘星	76	84	84	88	84	76	76
邱勇	100	92	72	76	82	84	66

本实例涉及的知识点包括聚类分析、系统聚类方法、hclust() 函数、cutree() 函数、rect.hclust() 函数、K 均值聚类。

1. 聚类分析

聚类分析是一类将数据所对应研究对象进行分类的统计方法。这一类方法的共同特点是：事先不知道类别的个数与结构；用以分析的数据是对象之间的相似性或相异性的数据。将这些数据看成是对象之间的“距离”远近一种量度，将距离近的对象归入一类，不同类之间的对象距离较远。这就是聚类分析方法的共同思路。

2. 系统聚类方法

系统聚类方法是聚类分析各种方法中用得最多的一种，其基本思想是：开始将 n 个样本各自作为一类，并规定样本之间的距离和类与类之间的距离，然后将距离最近的两类合并成一个新类，计算新类与其他类的距离；重复进行两个最近类的合并，每次减少一类，直到所有的样本合并为一类。

并类的方法有很多，如最短距离法、最长距离法、中间距离法、类平均法、重心法和离差平方和法等。

3. hclust() 函数

在 R 语言中，hclust() 函数提供了系统聚类的计算，plot() 函数可画出系统聚类的树形图（或称谱系图）。

hclust() 函数的使用格式为：

```
hclust(d, method= "complete", members=NULL)
```

各参数的意义如下。

d：dist() 函数生成的对象，即距离。

method：系统聚类的方法，其取值意义如下。

- ❑ single：最短距离法。
- ❑ complete（默认值）：最长距离法。
- ❑ median：中间距离法。
- ❑ mcquitty：Mcquitty 相似法。
- ❑ average：类平均法。
- ❑ centroid：重心法。
- ❑ ward：离差平方和法。

members：或者为 NULL（默认值），或者为与 d 有相同变量长度的向量。

plot() 函数画出系统聚类的谱系图的格式为：

```
plot(x, labels=NULL, hang=0.1, axes=TRUE, frame.plot=FALSE, ann=TRUE,
main= "Cluster Dendrogram", sub=NULL, xlab=NULL, ylab= "Height", …)
```

主要参数的意义如下。

x：hclust() 函数生成的对象。

labels：树叶的标记，默认值为 NULL。

hang：数值，表明谱系图中各类所在的位置，默认值为 0.1，取负值表示从底部画起。

其他参数的意义与通常的 plot() 函数相同。

另一种画出谱系图的函数为 plclust() 函数，其使用格式为：

```
plclust(tree, hang=0.1, unit= FALSE, level= FALSE, hmin=0, square=
TRUE, labels= NULL, plot.= TRUE, axes=TRUE, frame.plot=FALSE, ann=TRUE,
main= " ", sub=NULL, xlab=NULL, ylab= "Height")
```

各参数意义如下。

tree：hclust() 函数生成的对象。

unit：逻辑变量，取 TRUE 表示分叉在等空间高度，而不是在对象的高度。

hmin：数值，默认值为 0。

level、square 和 plot：目前还没有使用。

其他参数的意义与通常的 plot() 函数相同。

4. cutree() 函数

在 R 语言中，cutree() 函数是根据谱系图来确定最终的聚类，其使用格式为：

```
cutree(tree, k= NULL, h= NULL)
```

各参数的意义如下。

tree：hclust() 函数生成的对象。

k：整数向量，表示类的个数。

h：数值型向量，表示谱系图中的阈值，要求分成的各类的距离大于 h。

在参数中，k 和 h 至少指定一个，如果两个参数都被指定则以 k 的值为准。

5. rect.hclust() 函数

在 R 语言中，rect.hclust() 函数是根据谱系图来确定最终的聚类，并在谱系图做出标记，其使用格式为：

```
rect.hclust(tree, k= NULL, which= NULL, x= NULL, h= NULL, border=2,
cluster= NULL)
```

各参数意义如下。

tree：hclust() 函数生成的对象。

k：整数向量，表示类的个数。

which 和 x：整数向量，表示围绕着哪一类画出矩形。which 从左到右是按数字选择，默认值为 1：k，x 是按水平坐标选择。

h：数值型向量，表示谱系图中的阈值，要求分成的各类的距离大于 h。

border：数值向量或字符串，表示矩形框的颜色。

cluster：可选向量，是由 cutree() 函数得到的聚类结果。

6. *K* 均值聚类

K 均值聚类是一种动态聚类方法，也称为逐步聚类方法。其基本思想是，开始先粗略地分一下类，然后按照某种最优原则修改不合理的分类，直到类分得比较合理为止，这样就形成一个最终的分类结果。这种方法具有计算量较小，占计算机内存较少和方法简单的优点，适用于大样本的 Q 型聚类分析。

在 R 语言中，*K* 均值聚类方法用 kmeans() 函数完成，其使用格式为：

```
kmeans(x, centers, iter.max=10, nstart=1, algorithm=c( "Hartigan-
Wong", "Lloyd", "Forgy", "MacQueen"))
```

各参数的意义如下。

x：数据构成的数值，或可以被强制转换成矩阵的对象（如数值向量或数据框）。

centers：或者为整数，表示聚类的个数，或者为初始类的聚类中心。当为整数时，将随机产生聚类中心。

iter.max：最大迭代次数，默认值为 10。

nstart：随机集合的个数，当 nstart 为聚类个数时使用。

algorithm：动态聚类的算法，其中 Hartigan-Wong 为默认状态。

本实例分 4 步完成。

步骤 1：生成数据文件 ch10.dat，如图 23-1 所示。

```
      "X1" "X2" "X3" "X4" "X5" "X6" "X7"
"王明" 87 90 96 100 90 85 76
"赵青" 76 98 96 98 86 78 82
"李伟" 77 92 90 100 88 72 68
"张杰" 85 87 92 97 82 82 73
"马丽" 89 87 100 97 85 91 86
"孙立" 83 62 100 95 81 79 75
"易兵" 78 65 90 94 83 68 66
"章琴" 91 90 99 100 87 95 90
"刘星" 76 84 84 88 84 76 76
"邱勇" 100 92 72 76 82 84 66
```

图 23-1 ch10.dat 内容

步骤 2：完成本实例的程序代码之一，如图 23-2 所示。

```
1  ch10<-function()
2  {
3    X<-read.table("ch10.dat",header=TRUE)
4    d<-dist(X)
5    method=c("complete","average","centroid","ward.D")
6    for(m in method)
7    {
8      hc<-hclust(d,m)
9      class<-cutree(hc,k=5)
10     print(m)
11     print(sort(class))
12   }
13 }
```

图 23-2 完成实例的程序代码之一

程序运行结果如图 23-3 所示。

```
> source('~/ch10.R')
> ch10()
[1] "complete"
王明 赵青 李伟 张杰 马丽 章琴 孙立 易兵 刘星 邱勇
   1    1    1    1    2    2    3    3    4    5
[1] "average"
王明 赵青 李伟 张杰 马丽 章琴 孙立 易兵 刘星 邱勇
   1    1    1    1    2    2    3    3    4    5
[1] "centroid"
王明 赵青 李伟 张杰 马丽 章琴 孙立 易兵 刘星 邱勇
   1    1    1    1    1    1    2    3    4    5
[1] "ward.D"
王明 张杰 赵青 李伟 刘星 马丽 章琴 孙立 易兵 邱勇
   1    1    2    2    2    3    3    4    4    5
```

图 23-3 程序运行结果

代码分析：

数据存储在名为“ch10.dat”的数据文件中，使用 read.table() 函数读出。在做聚类分析之前，为了同等地对待每个变量，消除数据在数量级的影响，对数据做标准化变换。然后，用 hclust() 函数做聚类分析，最后用 cutree() 函数做聚类分析。为了便于看出聚类后的分类情况，使用了 sort() 函数显示结果。

步骤 3：下面再用 plclust() 函数画出谱系图，用 rect.hclust() 函数将成绩分成 5 类，其程序代码如图 23-4 所示。

```
1   ch10_1<-function()
2   {
3     X<-read.table("ch10.dat",header=TRUE)
4     d<-dist(scale(x))
5     method=c("complete","average","centroid","ward.D")
6     for(m in method)
7     {
8       hc<-hclust(d,m)
9       windows()
10      plclust(hc,hang=-1)
11      re<-rect.hclust(hc,k=5,border="red")
12      print(m)
13      print(re)
14    }
15  }
```

图 23-4　画出谱系图的程序代码

得到的谱系图分别为图 23-5 至图 23-8 所示。

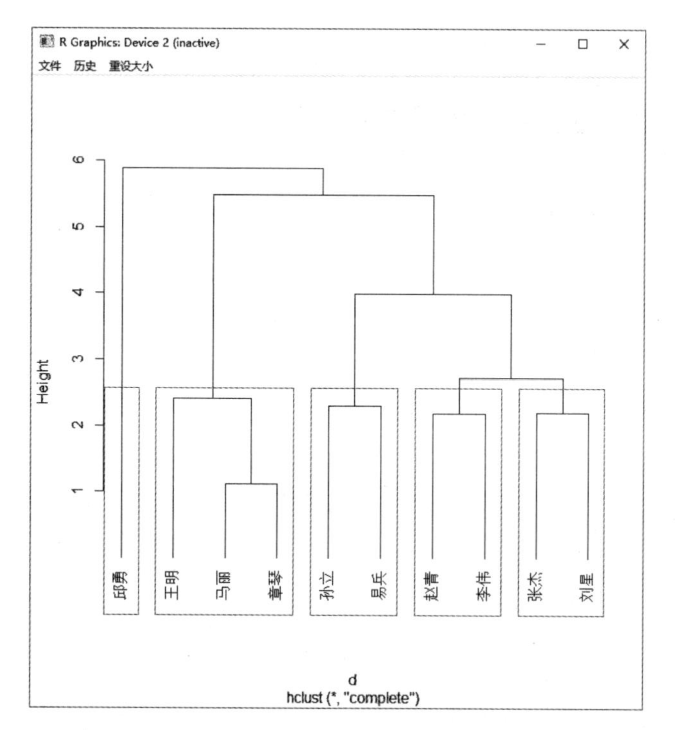

图 23-5　谱系图之一

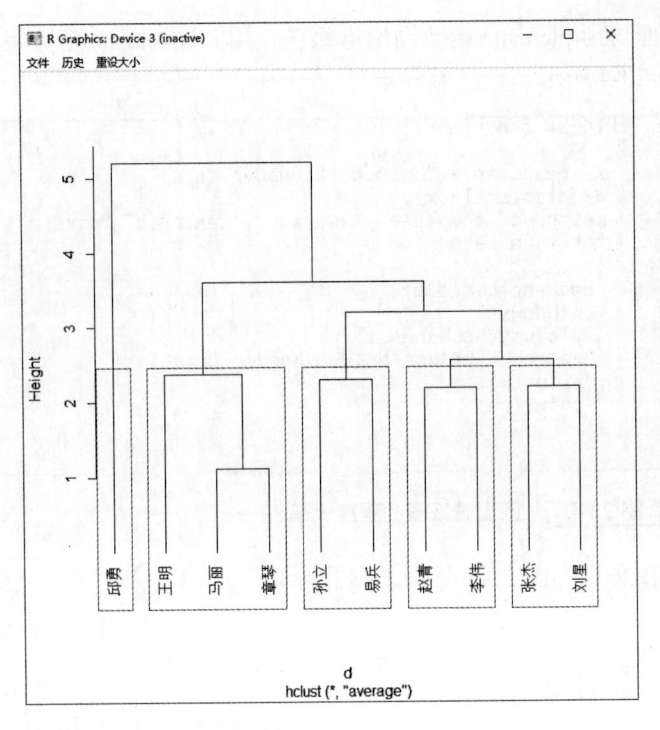

图 23-6 谱系图之二

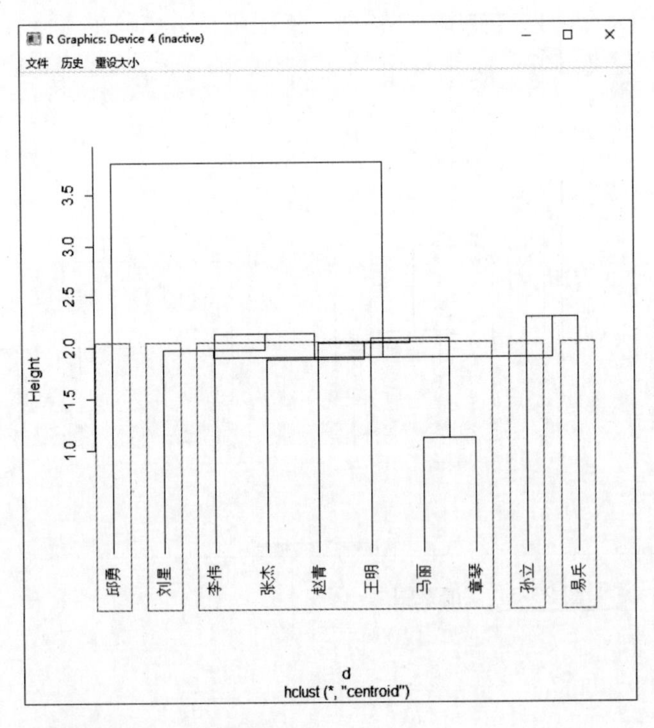

图 23-7 谱系图之三

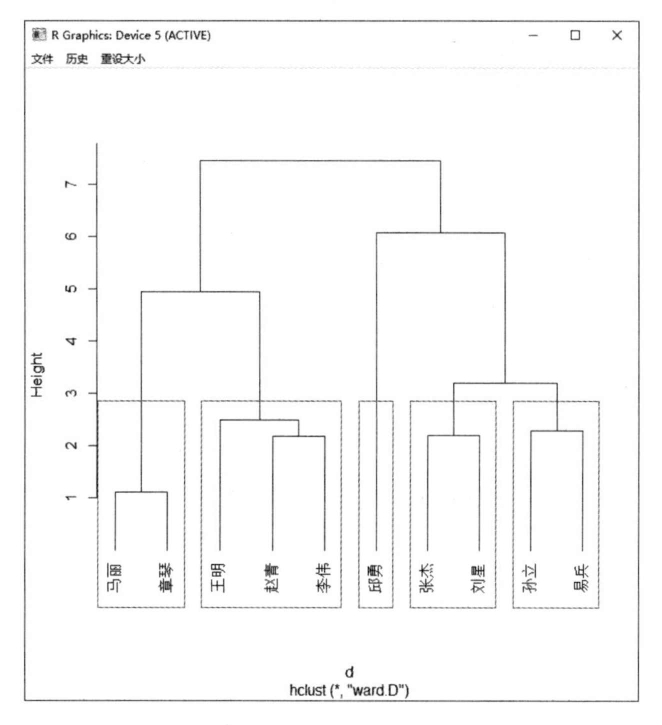

图 23-8 谱系图之四

分类结果分别如图 23-9 至图 23-12 所示。

```
> source('~/ch10_1.R')
> ch10_1()
[1] "complete"
[[1]]
邱勇
  10

[[2]]
王明 马丽 章琴
   1    5    8

[[3]]
孙立 易兵
   6    7

[[4]]
赵青 李伟
   2    3

[[5]]
张杰 刘星
   4    9
```

图 23-9 分类结果图示之一

```
[1] "average"
[[1]]
邱勇
  10

[[2]]
王明 马丽 章琴
   1    5    8

[[3]]
孙立 易兵
   6    7

[[4]]
赵青 李伟
   2    3

[[5]]
张杰 刘星
   4    9
```

图 23-10 分类结果图示之二

```
[1] "centroid"
[[1]]
邱勇
  10

[[2]]
刘星
   9

[[3]]
王明  赵青  李伟  张杰  马丽  章琴
   1     2     3     4     5     8

[[4]]
孙立
   6

[[5]]
易兵
   7
```

图 23-11　分类结果图示之三

```
[1] "ward.D"
[[1]]
马丽  章琴
   5     8

[[2]]
王明  赵青  李伟
   1     2     3

[[3]]
邱勇
  10

[[4]]
张杰  刘星
   4     9

[[5]]
孙立  易兵
   6     7
```

图 23-12　分类结果图示之四

比较可知，用 cutree() 函数和 rect.hclust() 函数得到的聚类结果是相同的，只是表达形式不同而已。

最长距离法、类平均法、重心法和离差平方和法得到的聚类结果有的相同，有的不相同，可以根据具体的数据与背景再进一步确定认同哪种聚类更为合理。

步骤 4：用 K 均值聚类方法对完成本实例的程序代码如图 23-13 所示。

```
1  ch10_2<-function()
2  {
3    X<-read.table("ch10.dat")
4    km<-kmeans(scale(X),5,nstart=20)
5    km
6  }
```

图 23-13　完成本实例的程序代码

代码分析：

首先使用 read.table() 函数读出数据文件中的数据赋予数据对象 X，在做聚类分析之前，为了同等地对待每个变量，消除数据在数量级的影响，用“scale(X)”对数据做标准化变换。然后，用作动态聚类。为做比较，类的个数仍选择为 5，算法选择默认状态。

程序运行结果将要显示学科名称，而数据表中学科名称是 X_1、X_2、X_3、X_4、X_5、X_6、X_7（这是制作数据表时写数据框输入数据的要求），能否用真实名称呢？答案是可以的。我们生成数据表的方法是在 RStudio 中控制台里完成的，自然也可以在 RStudio 中打开并进行修改。所以，将数据表修改成如图 23-14 所示。

```
"语文" "数学" "物理" "化学" "生物" "英语" "政治"
"王明" 87 90 96 100 90 85 76
"赵青" 76 98 96 98 86 78 82
"李伟" 77 92 90 100 88 72 68
"张杰" 85 87 92 97 82 82 73
"马丽" 89 87 100 97 85 91 86
"孙立" 83 62 100 95 81 79 75
"易兵" 78 65 90 94 83 68 66
"章琴" 91 90 99 100 87 95 90
"刘星" 76 84 84 88 84 76 76
"邱勇" 100 92 72 76 82 84 66
```

图 23-14　修改后的数据

另外，kmeans() 函数要求数据只能是数字，所以读数据表时采用 "X<-read. Table(ch10.dat)" 形式，没有增加参数“header(TRUE)”，否则程序运行将会出错。

程序运行结果如图 23-15 所示。

```
> source('~/ch10_2.R')
> ch10_2()
K-means clustering with 5 clusters of sizes 2, 1, 2, 2, 3

Cluster means:
        语文        数学        物理        化学        生物        英语        政治
1 -0.4717642 -1.7959367  0.3564029  0.0000000 -0.9535609 -0.9109984 -0.64610662
2  2.0145604  0.6184122 -2.2878770 -2.4807954 -0.9535609  0.3643993 -1.19468771
3  0.7395222  0.3219132  0.8737621  0.5363882  0.4086689  1.4575974  1.48726430
4 -0.4717642  0.0677712 -0.4483779 -0.2681941 -0.6130034 -0.2429329 -0.15847898
5 -0.5355161  0.7313642  0.2414343  0.6481357  1.0897839 -0.3239105 -0.05688989

Clustering vector:
王明 赵青 李伟 张杰 马丽 孙立 易兵 章琴 刘星 邱勇
   5    5    5    4    3    1    1    3    4    2

Within cluster sum of squares by cluster:
[1] 2.6318545 0.0000000 0.6212184 2.4063614 5.4603277
 (between_SS / total_SS =  82.3 %)

Available components:
[1] "cluster"     "centers"     "totss"       "withinss"     "tot.withinss"
[6] "betweenss"   "size"        "iter"        "ifault"
```

图 23-15　程序运行结果

程序运行结果中，sizes 表示各类的个数，即第 1 类有 2 个，第 2 类有 1 个，第 3 类有 2 个，第 4 类有 2 个，第 5 类有 3 个。means 表示各类的均值，Clustering 表示聚类后的分类具体情况如下：

王明	赵青	李伟	张杰	马丽	孙立	易兵	章琴	刘星	邱勇
5	5	5	4	3	1	1	3	4	2

附录 A

R 代码的正常信息和优化

A.1 R代码的正常信息

一般来说，R 程序有 3 种状态。第 1 种是正常状态，当处于正常状态时，R 程序能够正常运行，并给出正常回应。正常回应包括给出正常的回应或者不给出回应，R 并不会特意在程序代码成功运行后给出任何提示信息。

【实例 A-1】完成下列计算。

程序代码和运行结果如图 A-1 所示。

```
> x<-c(1:10)
> head(x)
[1] 1 2 3 4 5 6
> x
 [1]  1  2  3  4  5  6  7  8  9 10
> print(x)
 [1]  1  2  3  4  5  6  7  8  9 10
> message(x)
12345678910
> (x<-c(1:10))
 [1]  1  2  3  4  5  6  7  8  9 10
```

图 A–1　程序代码和运行结果

以上代码成功创建了变量 x，但 R 并没有专门提示变量创建成功。这里是通过五种方法证明变量的创建成功：一是用 head() 函数查看了前 6 个值；二是直接用变量 x 输出了 10 个值；三是用 print() 函数输出了 10 个值；四是用 message() 函数显示了 10 个值；五是在创建 x 变量时外面加一对圆括号，命令 R 返回代码运行结果，显示了 10 个值。R 的函数十分丰富，但对于有些函数特别是用户自己编写的自定义函数，R 返回的信息十分贫乏，自定义函数也只会返回几个值而已。

【实例 A-2】完成下列计算。

程序代码和运行结果如图 A-2 所示。

```
> f<-function(x)
+ {
+ message(x)
+ print(x)
+ }
> f(c(1:5))
12345
[1] 1 2 3 4 5
```

图 A–2　程序代码和运行结果

代码中改用函数调用并改变向量的内容，用 message() 和 print() 函数分别显示和输出向量的值，R 在用 f(c(1:5)) 调用 f() 函数后返回两行结果，第 1 行用 message() 函数显示 x 的值，第 2 行用 print() 函数输出 x 的值。

在函数中调用 message() 函数和 print() 函数非常实用，它能够帮助用户确切地知道函数中变量的变化情况和函数的更新状态，在函数比较复杂或者代码运行时间过长时，尤其显露出其优点。

相对而言，message() 函数的应用范围比 print() 函数更广泛，这是因为 message() 函数允许关闭其信息。例如在实例 A.2 中使用下面语句，运行后只输出了 print() 函数运行的结果，这是因为suppressMessages()函数屏蔽了message()函数的返回结果，R仅返回了f()函数中print()函数给出的输出结果。

```
> suppressMessages(f(c(1: 5)))
[1] 1 2 3 4 5
```

显然，suppressMessages()函数在用于message()函数重复输出大量代码的情况时，该函数允许仅在想要看到message()函数提供的信息时才会看到。

A.2 R代码的优化

1. 向量化编程思想

R是一种高级语言，在执行某段R代码时，需要首先将R语言转换为某种计算机能懂得的更低级的语言。计算机利用底层语言运行这些代码，生成结果后再将结果传回R。

对于非向量化的程序，例如for循环或者while循环，R将第1个元素调入内存，转换为低级语言，将结果传回R；将第2个元素调入内存，转换为低级语言，将结果传回R……显然，在转换语言和传回结果时，非向量化的程序浪费了很多时间。然而，向量化的程序，例如apply函数族，则是将全部元素一起调入内存，转换为低级语言后计算结果，并将结果一次性传回R，这将节约大量时间。

```
> s<-0
> for(i in 1:10)
+ {
+ s<-s+i^2
+ }
> s
[1] 385
> t<-sum((1:10)^2)
> t
[1] 385
```

上面代码首先给出了一个for循环，它的循环变量i从1循环到10，在每次循环时都令s累加了i的平方，s的值385显然为数值1到10的平方之和。

对于为数值1到10求平方和的例子来说，sum()函数能够提供向量化的解决方法。上面代码同样成功求出了1到10的平方和，使用sum()函数具有更简洁的命令输入方式，能够更迅速地执行程序。

```
> colMeans(cars)
speed  dist
15.40 42.98
> colSums(cars)
speed   dist
  770   2149
> pmin(c(1,2,3),c(3,2,1))
```

```
[1] 1 2 1
> pmax(c(1,2,3),c(3,2,1))
[1] 3 2 3
```

R 中的大部分函数都支持向量化，有些函数则单独提供一个变形后的非向量化的函数。上述代码就给出了 4 个向量化函数 colMeans()、colSums()、pmin()、pmax()，它们分别是 mean() 函数、sum() 函数、min() 函数、max() 函数向量化的版本。其中，colMeans() 函数能够对数据框按列求均值，与其类似的还有能够对数据框按行求均值的 rowMeans() 函数；colSums() 函数能够对数据框按列求和，与其类似的还有能够对数据框按行求和的 rowSums() 函数。而 pmin() 函数和 pmax() 函数则分别求出了几个向量的最小值和最大值。

2. 比较循环和向量的运行速度

通常来说，向量化编程的运行时间比非向量化编程的运行时间少一到两个数量级。在 R 中，解决一个问题的可行方法往往有好几种，可以比较一下不同方法的运行速度。

```
> s<-0
> system.time(
+ for(i in 1:1e+06)
+ {
+   s<-s+i^2
+ }
+ )
用户  系统  流逝
0.56 0.00 0.56
> system.time(t<-sum((1:1e+06)^2))
用户  系统  流逝
0.02 0.00 0.02
```

system.time() 函数能够记录命令运行的时间。上述代码分别记录了使用循环计算一列数列的平方和的速度，以及使用 sum() 函数计算一列数列的平方和的速度。为了明确比较两种方法的运行速度的差异，上述代码计算了 1 ～ 1000000 这 1000000 个数值的平方和。

R 的返回结果表明，使用 for 循环计算数列的平方和时，总耗时为 1.12s，使用 R 自带的向量化函数 sum() 计算数列的平方和时，总耗时为 0.04s。很明显，sum() 函数的运行速度要比 for 循环快得多。

apply 函数是另一种常用的向量化函数，下面一组代码检测了 apply() 函数在求和时的速度。apply() 函数接受一个数据框作为函数应用对象，代码首先创建了一个仅包含一行数据的数据框架 x，它存储了 1000000 个数值。用 head() 函数检验，前 6 个数值正常。接下来的 4 行代码创建了函数 fun，它接受了一个参数 x，将 x 转化为数值型变量 y，并将 y 累加到 s 上。第 7 行代码将变量 s 重置为 0，第 8 行代码调用 apply() 函数对 x 按列求和，即求得了 1 ～ 1000000 的和，并使用 system.time() 函数记录了命令执行的时间。R 返回了 3 个时间，apply() 函数总的执行时间为 0.27s，这一速度比 for 循环要快，但比 sum() 函数要慢。

```
> x<-as.matrix(1:1e+06)
> head(x)
      [,1]
[1,]    1
[2,]    2
[3,]    3
[4,]    4
[5,]    5
[6,]    6
> fun<-function(x)
+ {
+   y<-as.numeric(x)
+   s<-s+y
+ }
> s<-0
> system.time(u<-apply(x,2,fun))
用户  系统  流逝
0.12 0.01 0.14
```

实际上，apply() 函数内部同样要使用 for 循环实现，它的执行速度与执行一次 for 循环基本相同。但对于执行多次 for 循环来说，apply() 函数速度要快一些。

```
> s<-0
> system.time(
+ for(i in 1:1e+06)
+ {
+ for(j in 1:1)
+ {
+   s<-s+x[i,j]
+ }
+ }
+ )
用户  系统  流逝
1.14 0.00 1.16
```

在上面代码中使用了两组 for 循环实现了与前面相同的功能，即对数据框中的数据求和。第 1 组循环中循环变量 i 从 1 循环至 1000000，对应着 x 中的 1000000 行数据；第 2 组循环中循环变量 j 只有一个取值，对应着 x 中的 1 行数据。s 同样为 1 ～ 1000000 全部数值的和。

观察 R 的返回结果，嵌套调用两个循环时，系统的运行总时间达到 2.30s，与 apply() 函数的运行时间相差很大。显然，循环函数的嵌套调用带来的转换时间会大大增长，而 apply() 函数则尽可能地节约转换时间，将两个嵌套的循环过程简化成与循环（注：使用 system.time() 函数记录的命令执行的时间与计算机的配置和性能有关）。

可见，在 R 语言的编程中，应尽量使用向量化函数，以加快代码运行速度，节约机器运行时间，提高编程效率。

附录 B

R 的程序包及数据集

B.1 程序包

程序包（Package）也称为库，是一些已编写好的函数集合，具有某些特定的功能。在 R 中包含两种程序包：一种是在安装 R 的时候就已经一起进行了安装的，这些是一些基础的程序包，称为 R 自带（或者说内置）程序包；另一种则是需要手工下载安装的程序包。这里先简单介绍一下 R 自带程序包。

打开 R 之后，可以看到图 B-1 所示的 R 软件的主界面。

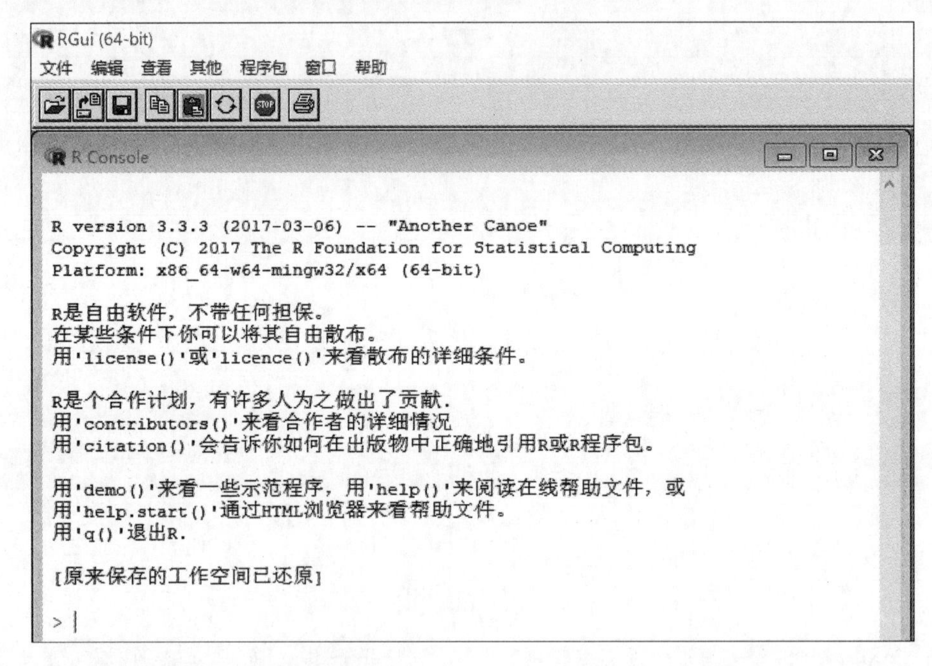

图 B-1　R 软件的主界面

可以通过输入 installed.packages() 来查看已经安装的包，代码如下。

```
> installed.packages()
             Package              LibPath
assertthat  "assertthat"  "C:/Users/xieni/Documents/R/win-library/3.3"
colorspace  "colorspace"  "C:/Users/xieni/Documents/R/win-library/3.3"
crayon       "crayon"     "C:/Users/xieni/Documents/R/win-library/3.3"
digest       "digest"     "C:/Users/xieni/Documents/R/win-library/3.3"
fansi        "fansi"      "C:/Users/xieni/Documents/R/win-library/3.3"
glue         "glue"       "C:/Users/xieni/Documents/R/win-library/3.3"
gtable       "gtable"     "C:/Users/xieni/Documents/R/win-library/3.3"
labeling    "labeling"    "C:/Users/xieni/Documents/R/win-library/3.3"
……
```

上面显示了安装在计算机上的程序包的详细信息，包括包的名称、文件位置、版本号、优先级别以及所依赖的其他包等信息，关于详细信息，读者可自行操作后查看。

如果要了解其他的程序包，可以在图 B-1 所示的 R 软件主界面单击菜单中的“程序包”，弹出图 B-2 所示的下拉式菜单。

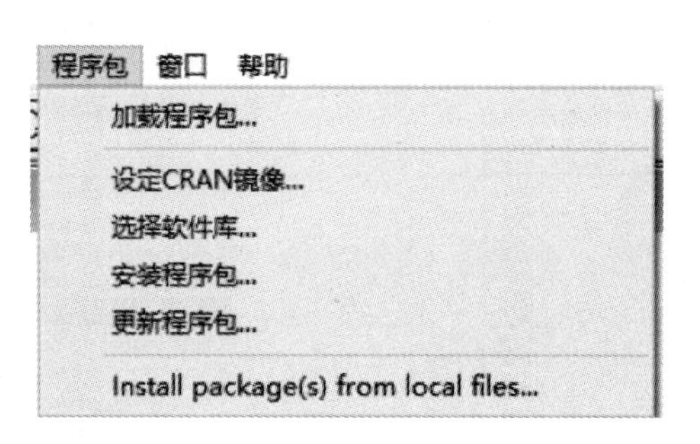

图 B-2 “程序包”下拉式菜单

其中命令有“加载程序包”“设定 CRAN 镜像”“选择软件库”“安装程序包”“更新程序包”和“Install package(s) from local files（从本地文件安装程序包）”6 项。

1. 加载程序包

R 软件除上述基本程序包外，还有很多程序包，需要在使用前加载。例如，lda() 函数（线性判别分析函数），就需要加载程序包 MASS。

单击该命令，弹出图 B-3 所示的选择程序窗口，选择 MASS，单击“确定”按钮，就可以使用 lda() 函数。直接执行命令：> library（“MASS”），也具有同样的功能。

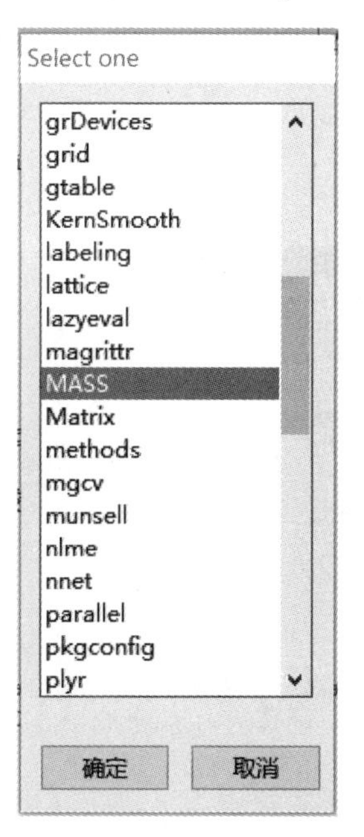

图 B–3 选择程序窗口

2. 设定 CRAN 镜像

单击该命令，弹出 CRAN 镜像窗口，选择一个镜像点，如 China(Beijing)[https]，如图 B-4 所示。单击“确定”按钮，就可以连接到指定的镜像点。从 R 安装时可以查看到我国有北京和合肥两个镜像点。在连接网络的情况时，可以查看到目前在我国已有镜像点的地方有北京、合肥、香港、广州、兰州和上海 6 处，如图 B-5 所示。

图 B-4　CRAN 镜像窗口之一

图 B-5　CRAN 镜像窗口之二

3. 选择软件库

选择软件库时，可以打开库窗口，如图 B-6 所示，选择一个库，单击“确定”按钮，计算机将连接到所选的库。

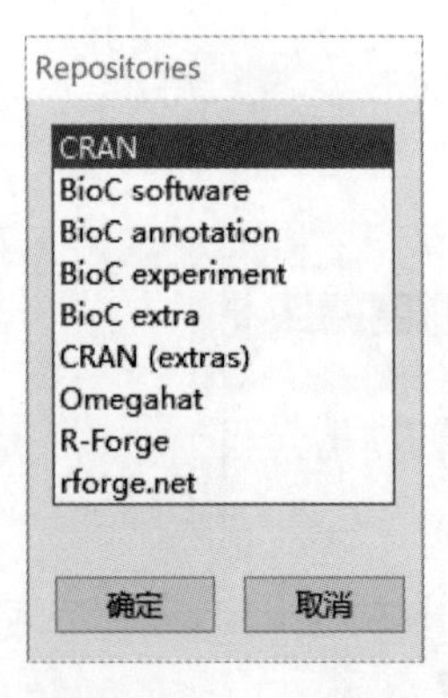

图 B-6　选择软件库窗口

4. 安装程序包

单击该命令，会弹出 CRAN 镜像窗口，选择合适的镜像点，单击“确定”按钮。

此时计算机将自动连接到指定的镜像点，并弹出程序包窗口。如果已设定 CRAN 镜像，则直接进入程序包窗口。选择所需的程序包，计算机将下载指定的程序包并自动安装。直接使用命令如：>install.packages(“packgaename”)，具有同样的功能，语句中 packgaename 为程序包名称。

5. 更新程序包

单击该命令，会弹出 CRAN 镜像窗口，选择合适的镜像点，然后弹出程序包更新窗口。如果已设定 CRAN 镜像，则直接进入程序包更新窗口。选择所需要的程序包，单击“确定”按钮。计算机将下载指定的程序包并自动更新。

6. 从本地文件安装程序包

单击该命令，打开 Select files，选择已在 CRAN 中下载到本机的 zip 文件，然后进行安装。

【实例 B-1】绘制中国轮廓地图。

下面我们以绘制一份中国轮廓地图为例，简单介绍一下它们的应用。

绘制中国轮廓地图需要加载 mapdata 和 maps 两个程序包，可以分以下步骤进行。

步骤 1：设定 CRAN 镜像点。

在图 B-7 中设定 CRAN 镜像点，这里选择“China(Beijing)[https]”（选择我国的其他 5 处的任意一处均可），单击“确定”按钮。

图 B-7 设定 CRAN 镜像点

步骤 2：安装程序包。

单击“程序包”→“安装程序包”。

如图 B-8 所示。

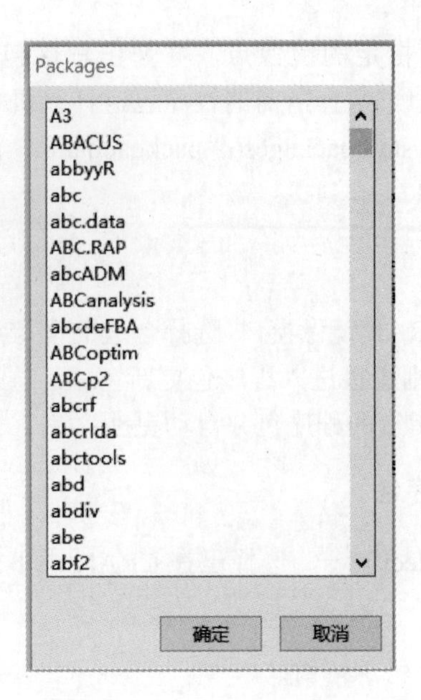

图 B-8　安装程序包

用鼠标左键先后下拉至 mapdata 和 maps 处，分别单击“确定”按钮，如图 B-9 所示。

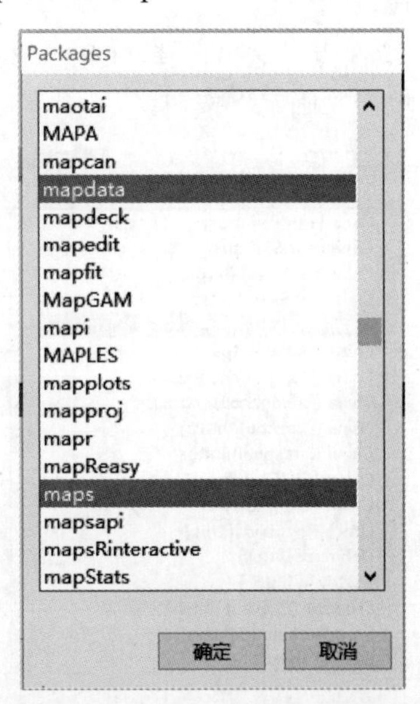

图 B-9　选择安装程序包

先后双击 mapdata 和 maps，屏幕显示下载安装过程，如图 B-10 所示。

图 B-10　程序包安装过程

下载安装结束后，在 R 中屏幕显示如下：

```
> utils:::menuInstallPkgs()
尝试打开
URL'https://mirrors.tuna.tsinghua.edu.cn/CRAN/bin/windows/contrib/3.3/
mapdata_2.3.0.zip'
Content type 'application/zip' length 25639676 bytes(24.5 MB)
downloaded 24.5 MB
程序包 'mapdata' 打开成功，MD5 和检查也通过。
下载的二进制程序包在 C: \Users\xieni\AppData\Local\Temp\RtmpkPMTOw\downloaded_
packages 里。
> utils:::menuInstallPkgs()
尝试打开
URL'https://mirrors.tuna.tsinghua.edu.cn/CRAN/bin/windows/contrib/3.3/
maps_3.3.0.zip'
Content type 'application/zip' length 3634745 bytes(3.5 MB)
downloaded 3.5 MB
程序包 'maps' 打开成功，MD5 和检查也通过。
下载的二进制程序包在 C: \Users\xieni\AppData\Local\Temp\RtmpkPMTOw\downloaded_
packages 里。
```

步骤 3：从本地文件安装程序包。

单击“Install packages from local files”，在 R 中屏幕显示如下：

```
> utils:::menuInstallLocal()
```

弹出如图 B-11 所示选择文件对话框。

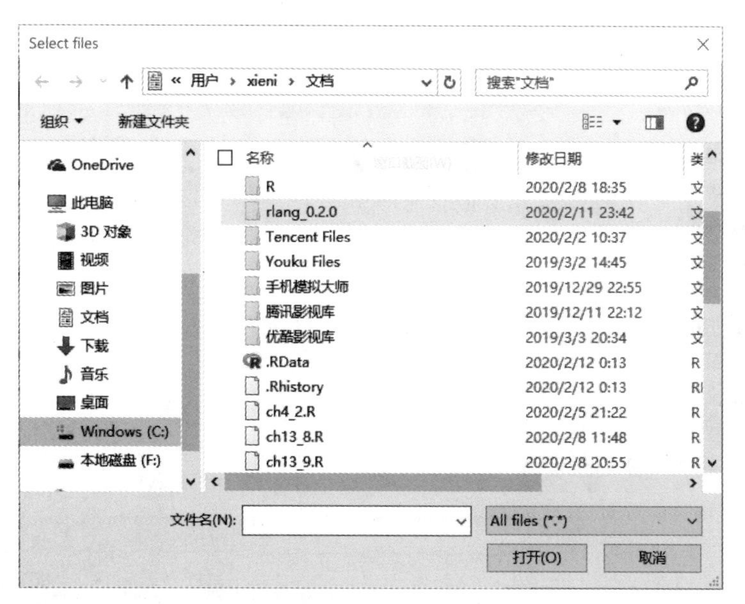

图 B-11　安装步骤之一

选择左边栏的当前工作盘，如图 B-12 所示。

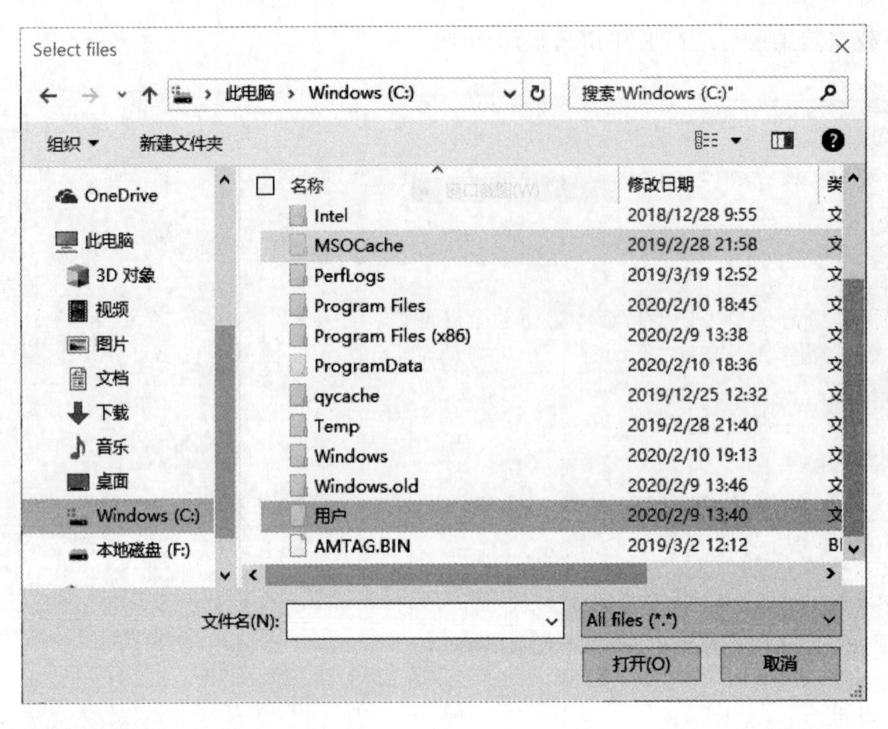

图 B-12　打开当前工作盘

按所示路径分别打开图 B-13 至图 B-19 所示界面，找到所需文件，其中 xieni 为计算机用户，读者可根据实际情况选择。

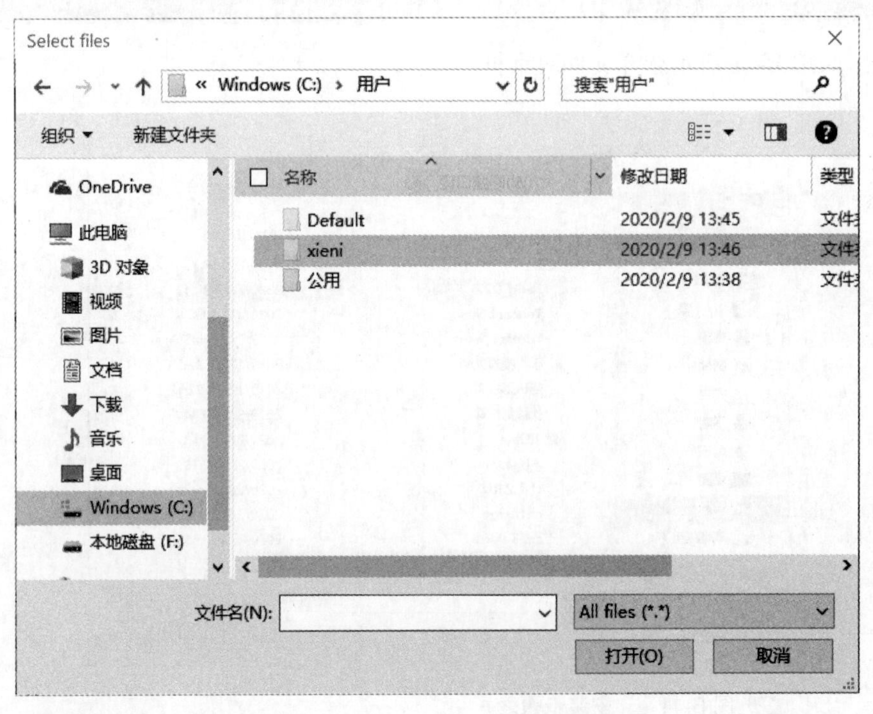

图 B-13　找到所需文件之一

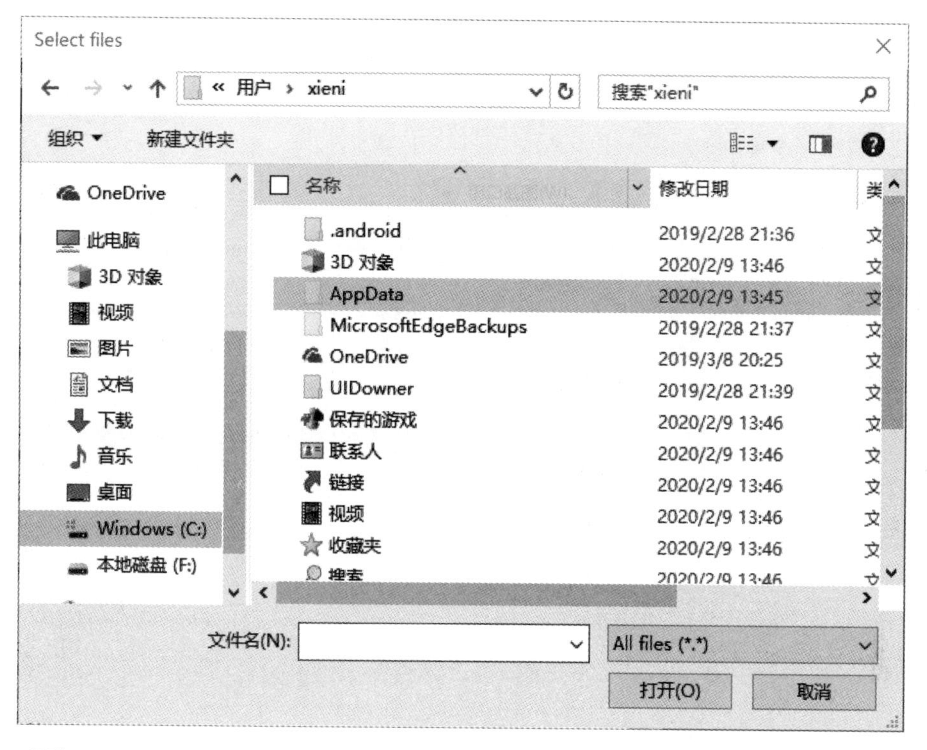

图 B-14　找到所需文件之二

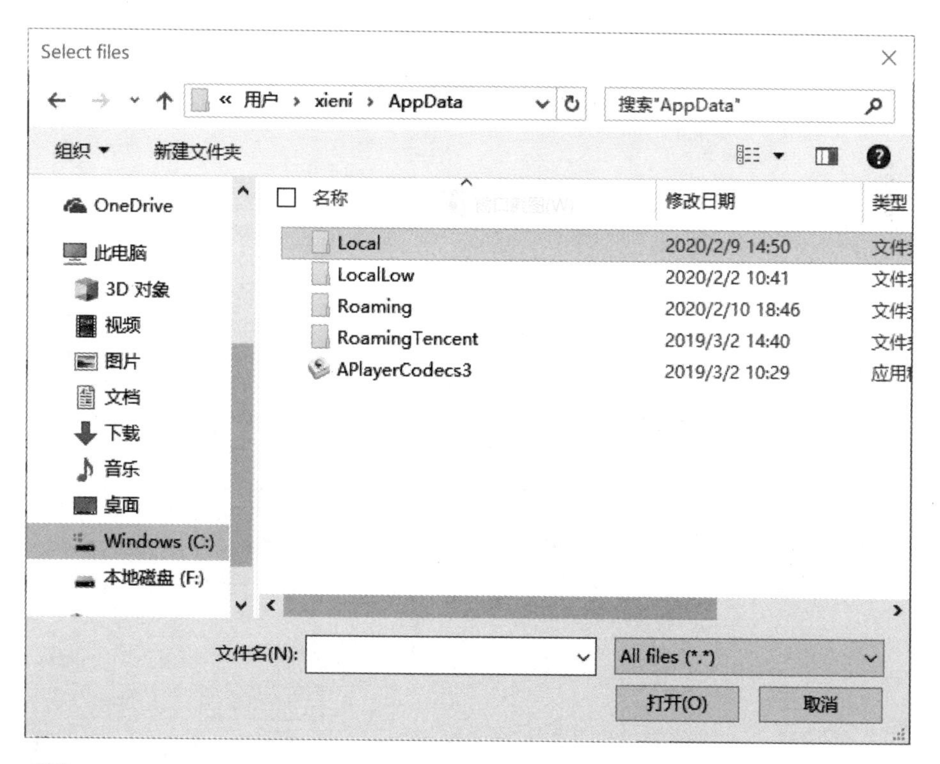

图 B-15　找到所需文件之三

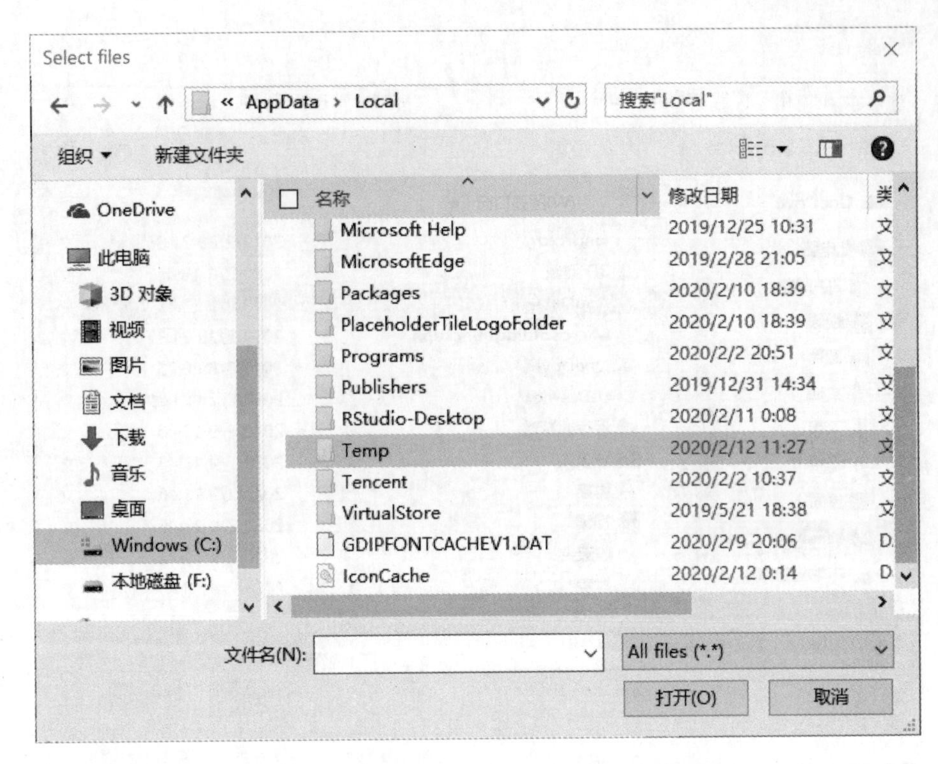

图 B-16 找到所需文件之四

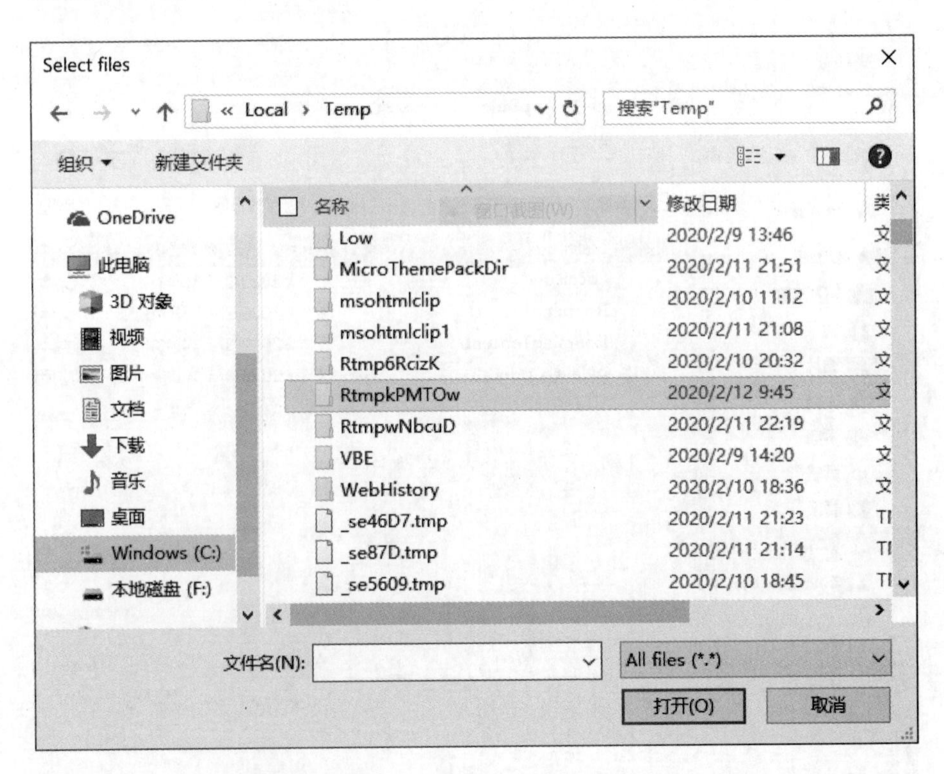

图 B-17 找到所需文件之五

Select files

« Temp › RtmpkPMTOw

搜索"RtmpkPMTOw"

组织 ▾ 新建文件夹

OneDrive
此电脑
3D 对象
视频
图片
文档
下载
音乐
桌面
Windows (C:)
本地磁盘 (F:)

名称	修改日期	类型
downloaded_packages	2020/2/12 10:36	文件
libloc_185_cf0601d9.rds	2020/2/12 9:45	RDS
libloc_193_318f5f2c.rds	2020/2/12 10:10	RDS
libloc_193_68856436.rds	2020/2/12 10:10	RDS
repos_http%3A%2F%2Fwww.stats....	2020/2/12 9:45	RDS
repos_http%3A%2F%2Fwww.stats....	2020/2/12 9:41	RDS
repos_https%3A%2F%2Fmirrors.tu...	2020/2/12 9:45	RDS
repos_https%3A%2F%2Fmirrors.tu...	2020/2/12 9:41	RDS

文件名(N):

All files (*.*)

打开(O) 取消

图 B-18 找到所需文件之六

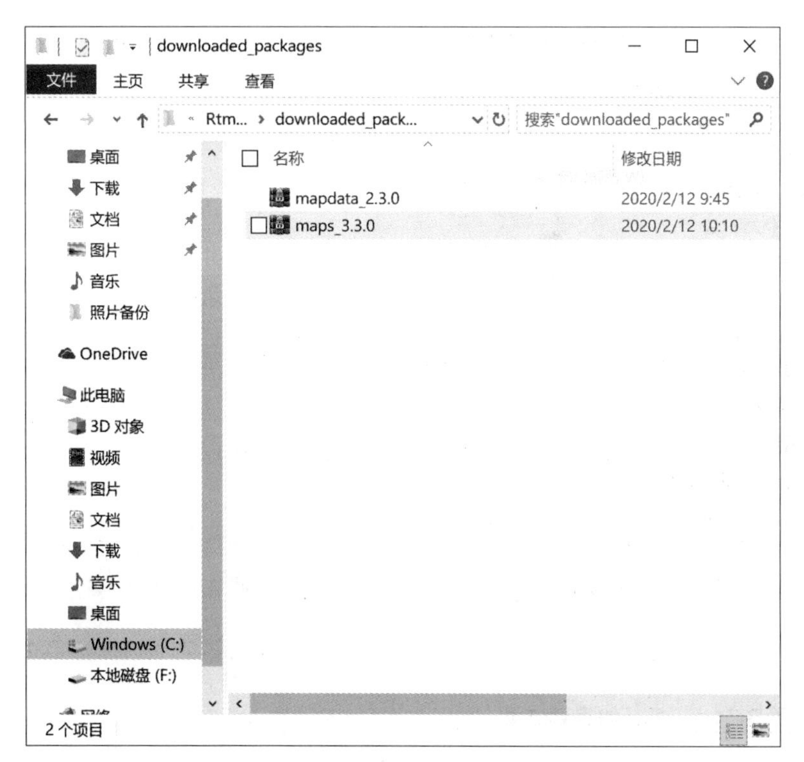

图 B-19 找到所需文件之七

双击解压缩，如图 B-20 所示。

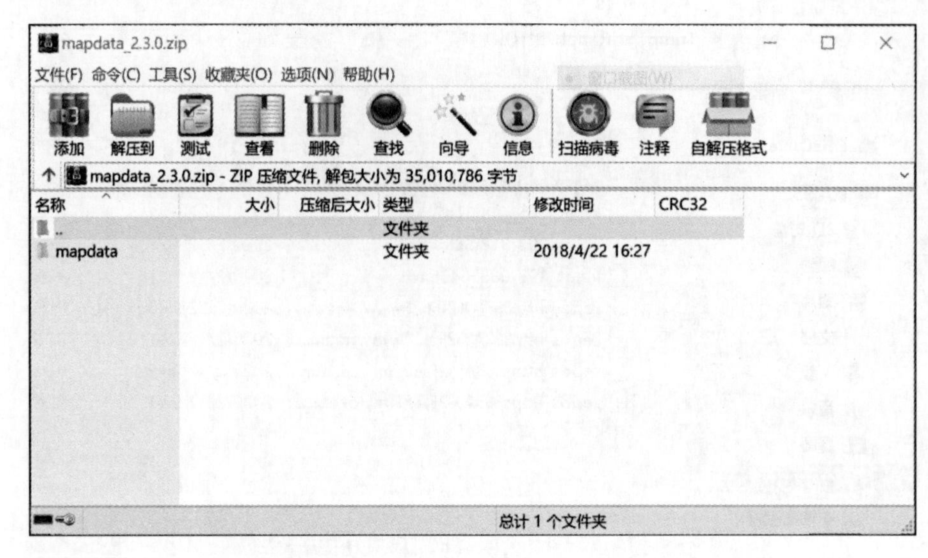

图 B-20　将找到所需文件解压缩

经过解压缩后得到两个文件夹，如图 B-21 所示。

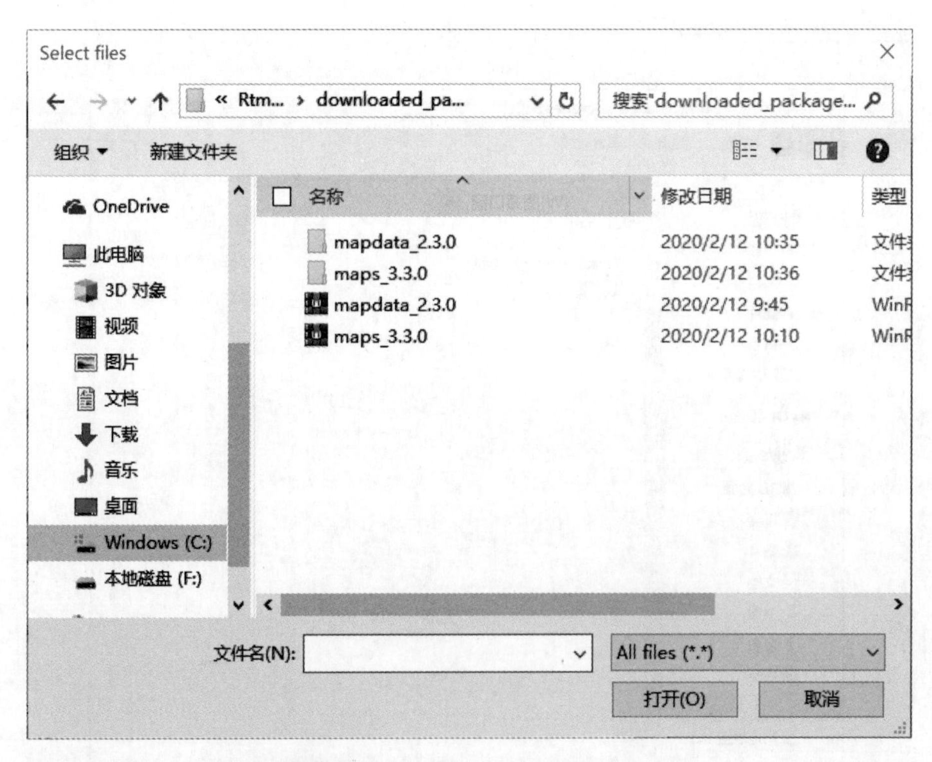

图 B-21　解压缩得到结果

步骤 4：将两个文件夹复制到当前工作目录中，如图 B-22 所示。

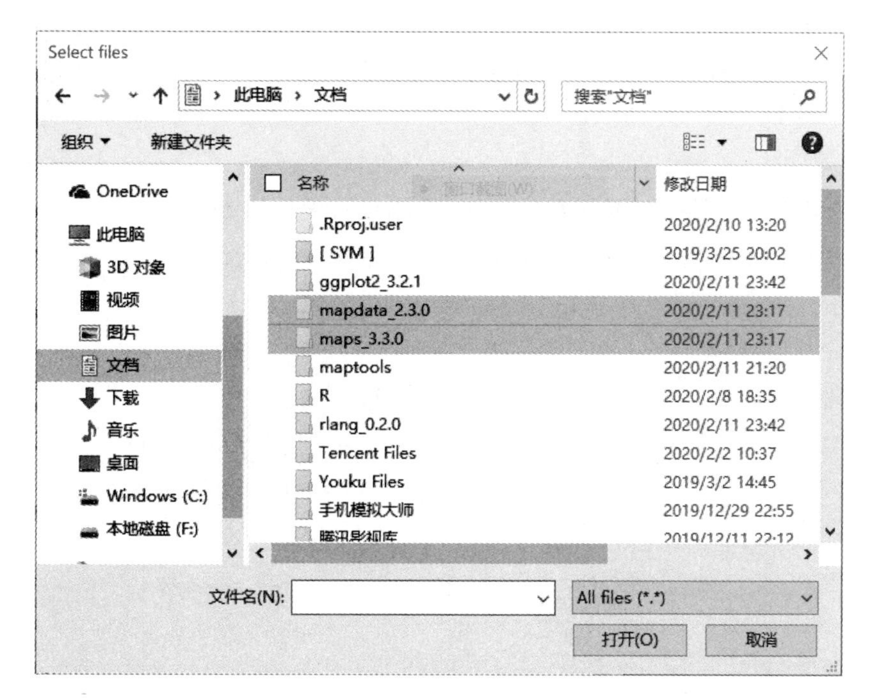

图 B-22　将文件夹复制到当前工作目录

步骤 5：在 R 中写入如下代码，运行程序后会显示一幅地图，读者可自己动手实践。

```
> library(maps)
> library(mapdata)
> map("china",col="red4",ylim=c(18,54),panel.first=grid())
```

B.2　数据集

R 语言还内置了一些数据集，例如 faithful、LakeHuron 等。可以输入命令，将它们展开。

1. faithful 数据集

输入 faithful，按回车键后将其展开，情况如下：

```
> faithful
     eruptions  waiting
1       3.600      79
2       1.800      54
3       3.333      74
4       2.283      62
5       4.533      85
6       2.883      55
7       4.700      88
```

```
8       3.600      85
9       1.950      51
10      4.350      85
......
```

输入下面代码，按回车键后可以看到运行结果如图 B-23 所示。

```
>plot(faithful)
```

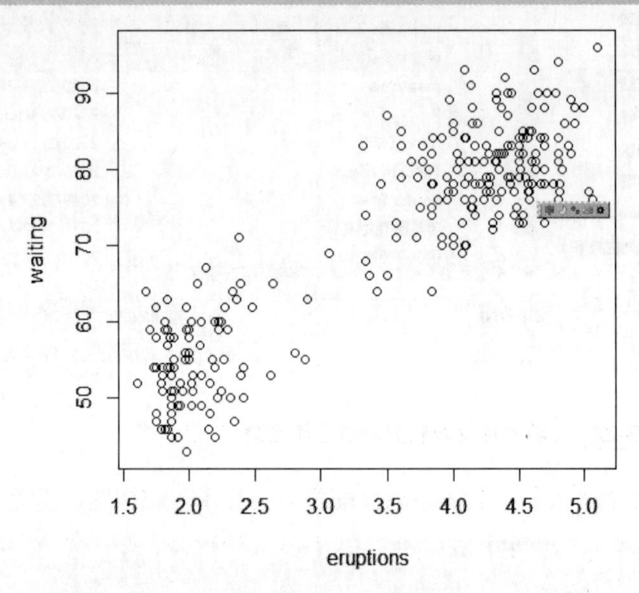

图 B-23 faithful 数据集的散点图

2. LakeHuron 数据集

同样，输入 LakeHuron，按回车键后，展开 LakeHuron 数据集的数据，如下：

```
> LakeHuron
Time Series:
Start = 1875
End = 1972
Frequency = 1
 [1] 580.38 581.86 580.97 580.80 579.79 580.39 580.42 580.82 581.40 581.32
[11] 581.44 581.68 581.17 580.53 580.01 579.91 579.14 579.16 579.55 579.67
[21] 578.44 578.24 579.10 579.09 579.35 578.82 579.32 579.01 579.00 579.80
[31] 579.83 579.72 579.89 580.01 579.37 578.69 578.19 578.67 579.55 578.92
[41] 578.09 579.37 580.13 580.14 579.51 579.24 578.66 578.86 578.05 577.79
[51] 576.75 576.75 577.82 578.64 580.58 579.48 577.38 576.90 576.94 576.24
[61] 576.84 576.85 576.90 577.79 578.18 577.51 577.23 578.42 579.61 579.05
[71] 579.26 579.22 579.38 579.10 577.95 578.12 579.75 580.85 580.41 579.96
[81] 579.61 578.76 578.18 577.21 577.13 579.10 578.25 577.91 576.89 575.96
[91] 576.80 577.68 578.38 578.52 579.74 579.31 579.89 579.96
```

这些内置的数据集可以在学习创建图时使用。例如在学习高水平绘图函数的基本绘图函数 plot 函数时，其参数 type 为所绘图形的类型如下。

“p”：绘点（默认值）。

“l”：画线。

“b”：同时绘点和画线，而线不穿过点。

“c”：仅画参数“b”所示的线。

“o”：同时绘点和画线，而且线穿过点。

“h”：绘出点到横轴的竖线。

“s”：绘出阶梯图（先纵后横）。

“S”：绘出阶梯图（先横后纵）。

“n”：作一幅空图，不绘任何图形。

总共 9 种，以内置函数 LakeHuron 为例，前 8 种作为代表，查看一下这 8 种类型的图形。

程序代码如下：

```
plot(LakeHuron,type= "l",main= 'type= "l"')
plot(LakeHuron,type= "p",main= 'type= "p"')
plot(LakeHuron,type= "b",main= 'type= "b"')
plot(LakeHuron,type= "c",main= 'type= "c"')
plot(LakeHuron,type= "o",main= 'type= "o"')
plot(LakeHuron,type= "h",main= 'type= "h"')
plot(LakeHuron,type= "s",main= 'type= "s"')
plot(LakeHuron,type= "S",main= 'type= "S"')
```

代码运行后分别得到图形如图 B-24 至图 B-31 所示。

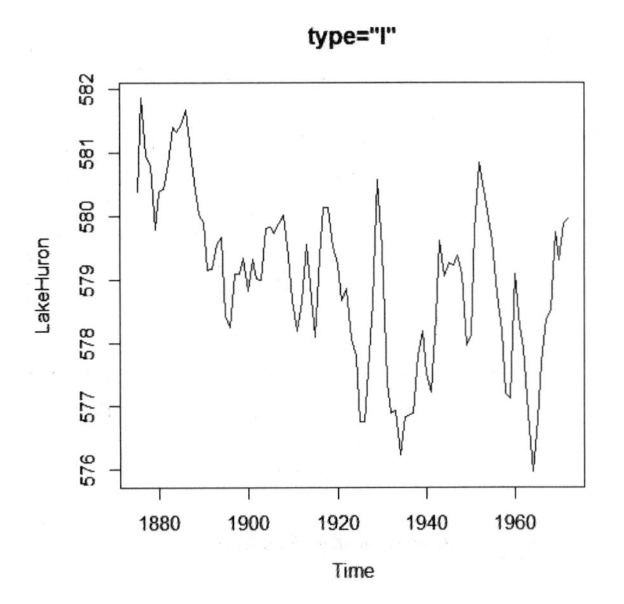

图 B-24　LakeHuron 数据集图形之一

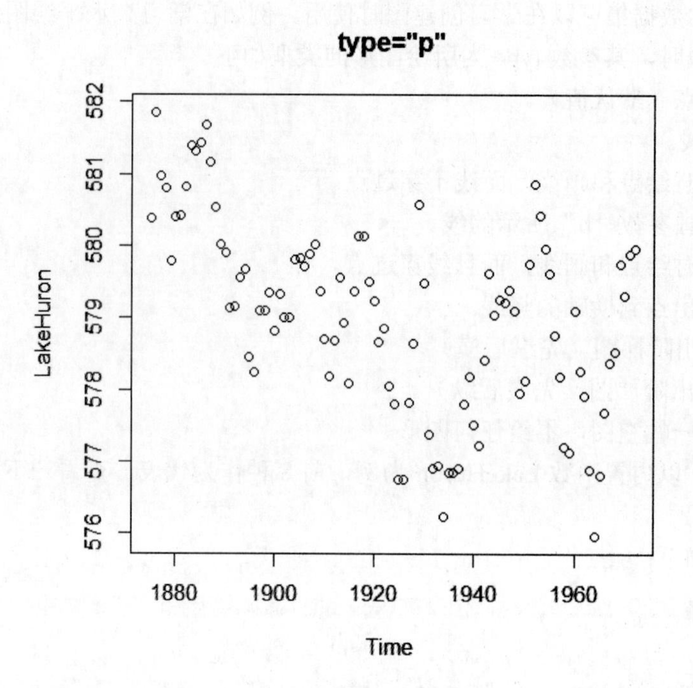

图 B-25　LakeHuron 数据集图形之二

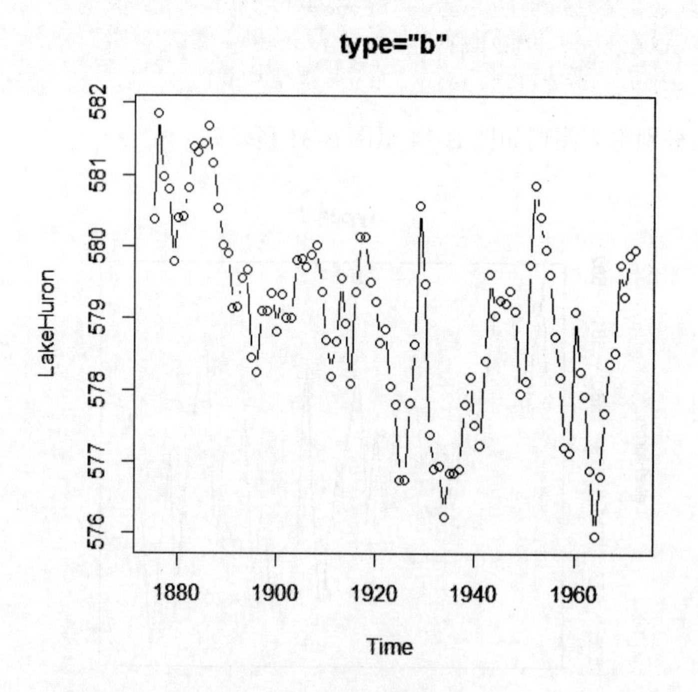

图 B-26　LakeHuron 数据集图形之三

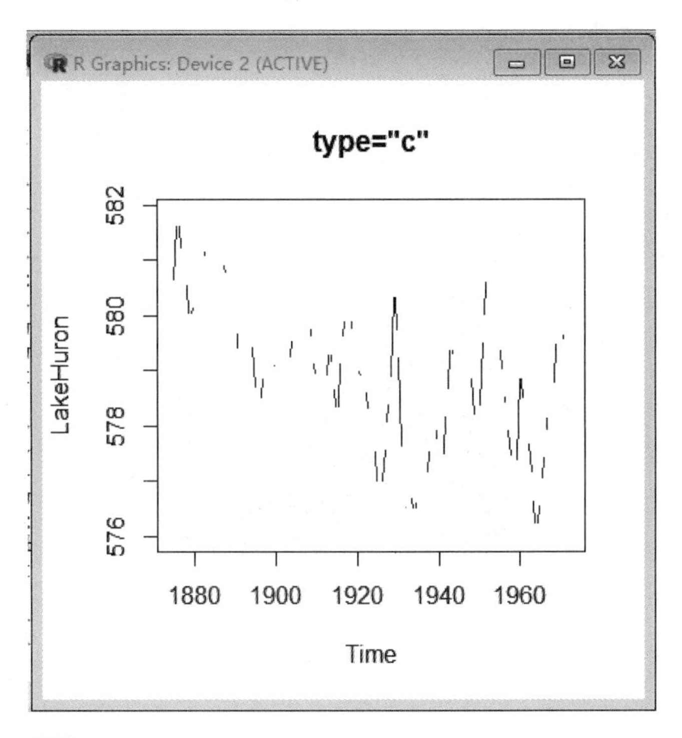

图 B-27　LakeHuron 数据集图形之四

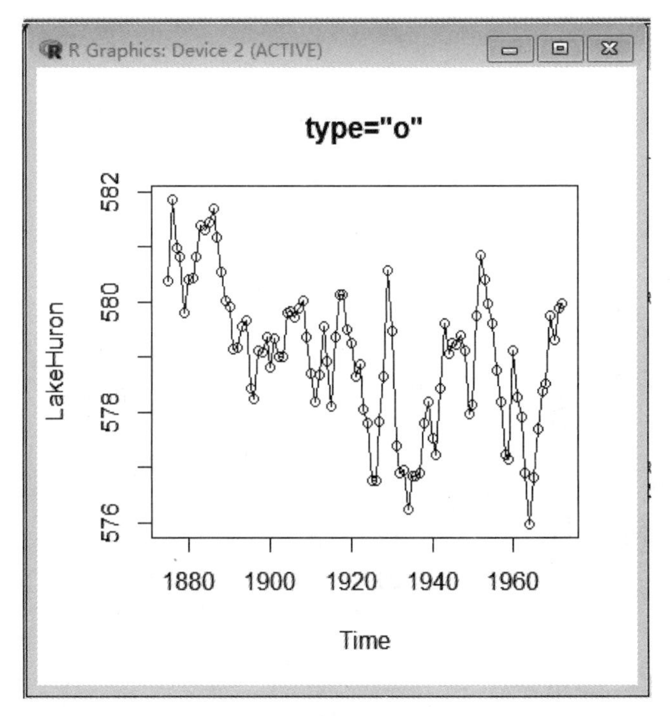

图 B-28　LakeHuron 数据集图形之五

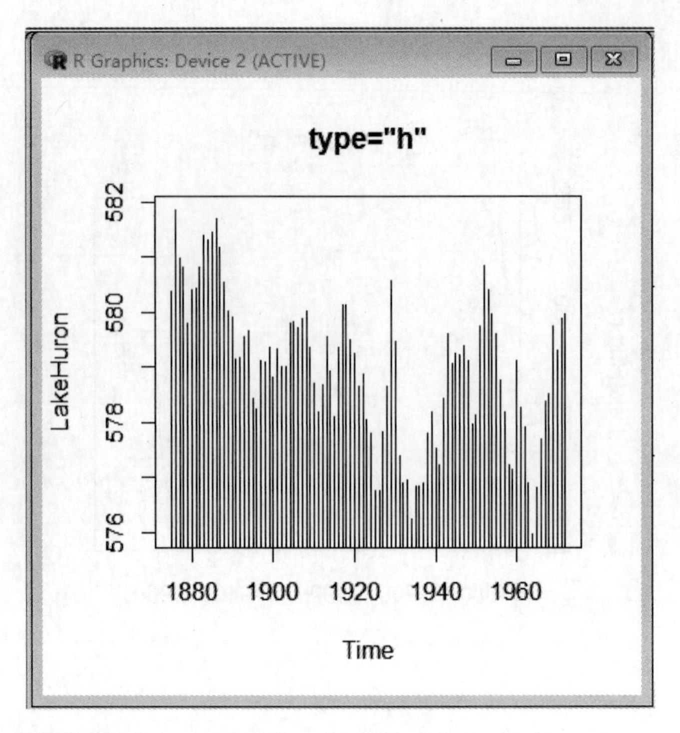

图 B-29　LakeHuron 数据集图形之六

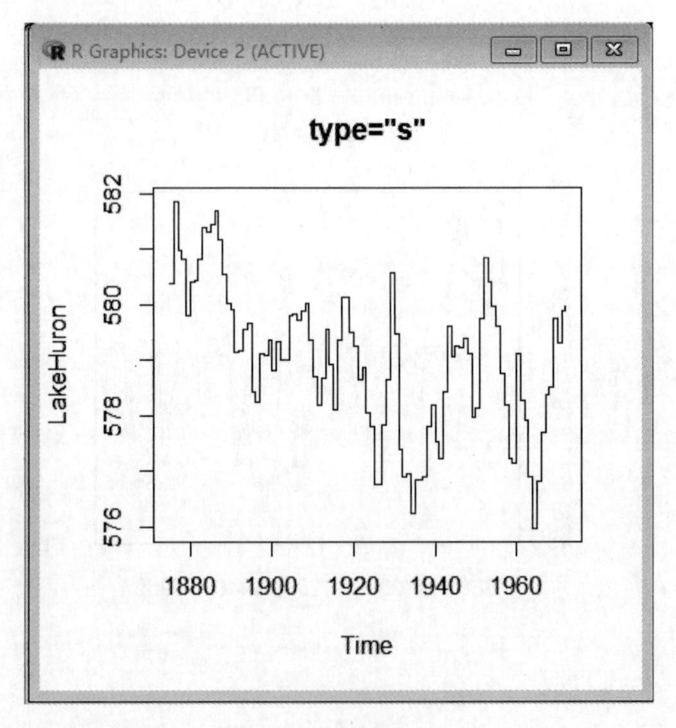

图 B-30　LakeHuron 数据集图形之七

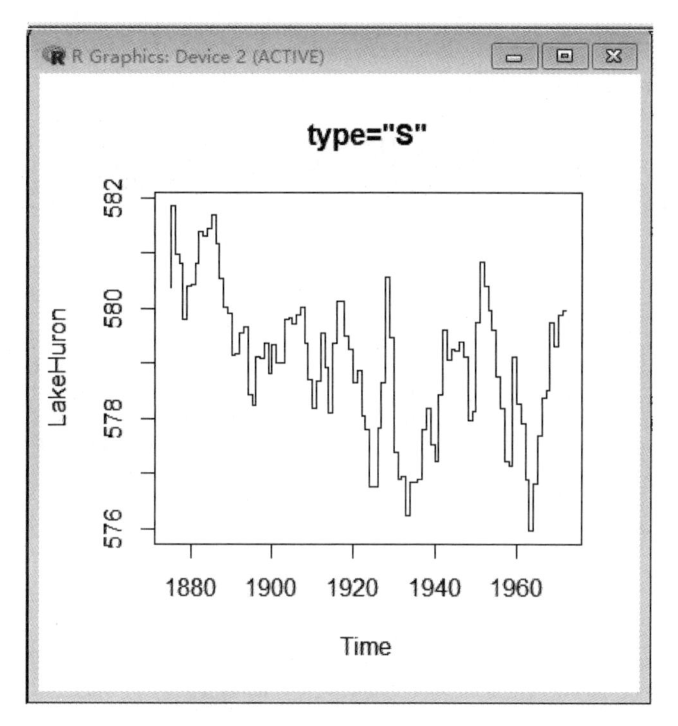

图 B-31　LakeHuron 数据集图形之八

可以用“>data()”命令查询 R 的内置数据集。目前，R 的内置数据集可参见如下网址：

https：// svn.r-project.org/R/trunk/src/library/datasets/data/

自我检测参考答案

第1章

一、判断题

1. × 2. √ 3. × 4. √ 5. ×

二、单选题

1. C 2. B 3. C 4. A 5. C

第2章

一、判断题

1. √ 2. √ 3. × 4. × 5. √

二、单选题

1. B 2. A 3. C 4. C 5. B

第3章

一、判断题

1. √ 2. × 3. √ 4. × 5. √

二、单选题

1. A 2. D 3. A 4. C 5. D

第4章

一、判断题

1. √ 2. × 3. √ 4. √ 5. ×

二、单选题

1. C 2. A 3. B 4. A 5. D

第5章

一、判断题

1. × 2. √ 3. × 4. √ 5. ×

二、单选题

1. C 2. B 3. B 4. D 5. C

第6章

一、判断题

1. × 2. × 3. √ 4. √ 5. ×

二、单选题

1. B 2. C 3. A 4. B 5. D

第7章

一、判断题

1. √ 2. × 3. √ 4. √ 5. ×

二、单选题

1. C 2. D 3. B 4. D 5. A

第8章

一、判断题

1. √ 2. × 3. × 4. √ 5. √

二、单选题

1. D 2. A 3. B 4. C 5. D

第9章

一、判断题

1. √ 2. × 3. √ 4. √ 5. ×

二、单选题

1. D 2. A 3. C 4. B 5. C

第10章

一、判断题

1. × 2. √ 3. × 4. √ 5. ×

二、单选题

1. C 2. A 3. B 4. D 5. B

第11章

一、判断题

1. √ 2. × 3. √ 4. √ 5. ×

二、单选题

1. D 2. C 3. A 4. D 5. B

第12章

一、判断题

1. √ 2. √ 3. × 4. √ 5. ×

二、单选题

1. B 2. C 3. B 4. D 5. C

第13章

一、判断题

1. × 2. √ 3. √ 4. × 5. √

二、单选题

1. C 2. D 3. B 4. A 5. A

参考文献

[1] 谢书良 . 程序设计基础 [M]. 北京：清华大学出版社，2010.

[2] 薛毅，陈立萍 . R 语言实用教程 [M]. 北京：清华大学出版社，2014.

[3] 洪锦魁，蔡桂宏 . R 语言——迈向大数据之路 [M]. 北京：清华大学出版社，2016.

[4] 李倩星 . R 语言实战：编程基础、统计分析与数据挖掘宝典 [M]. 北京：电子工业出版社，2016.

[5] 段宇锋，李伟伟，熊泽泉 . R 语言与数据可视化 [M]. 上海：华东师范大学出版社，2017.